Urs Wiesel

Hybrides Lenksystem zur Kraftstoffeinsparung im schweren Nutzfahrzeug

Technische und methodische Ansätze

Karlsruher Schriftenreihe Fahrzeugsystemtechnik
Band 1

Herausgeber
FAST Institut für Fahrzeugsystemtechnik
Prof. Dr. rer. nat. Frank Gauterin
Prof. Dr.-Ing. Marcus Geimer
Prof. Dr.-Ing. Peter Gratzfeld
Prof. Dr.-Ing. Frank Henning

Das Institut für Fahrzeugsystemtechnik besteht aus den eigenständigen Lehrstühlen für Bahnsystemtechnik, Fahrzeugtechnik, Leichtbautechnologie und Mobile Arbeitsmaschinen

Hybrides Lenksystem zur Kraftstoffeinsparung im schweren Nutzfahrzeug

Technische und methodische Ansätze

von
Urs Wiesel

KIT Scientific Publishing

Dissertation, Universität Karlsruhe (TH)
Fakultät für Maschinenbau, 2009

Impressum

Karlsruher Institut für Technologie (KIT)
KIT Scientific Publishing
Straße am Forum 2
D-76131 Karlsruhe
www.uvka.de

KIT – Universität des Landes Baden-Württemberg und nationales
Forschungszentrum in der Helmholtz-Gemeinschaft

KIT Scientific Publishing 2010
Print on Demand

ISSN 1869-6058
ISBN 978-3-86644-456-0

Vorwort des Herausgebers

In der Fahrzeugtechnik finden gegenwärtig starke Veränderungen statt. Klimawandel, die Verknappung einiger in Fahrzeugbau und –betrieb üblicher Rohstoffe, globaler Wettbewerb und das rapide Wachstum großer Städte erfordern neue Mobilitätslösungen, die vielfach einer Neuerfindung des Fahrzeugs gleich kommen. Die Forderungen nach Steigerung der Energieeffizienz, Emissionsreduktion, erhöhter Fahr- und Arbeitssicherheit, Benutzerfreundlichkeit und angemessenen Kosten finden Ihre Antworten nicht aus der singulären Verbesserung einzelner technischer Elemente, sondern benötigen Systemverständnis und die integrale Optimierung der Lösungen.

Hierzu will die Karlsruher Schriftenreihe Fahrzeugsystemtechnik einen Beitrag leisten. Für die Fahrzeuggattungen Pkw, Nfz, Mobile Arbeitsmaschinen und Bahnfahrzeuge werden Forschungsarbeiten vorgestellt, die Fahrzeugsystemtechnik auf vier Ebenen beleuchten: das Fahrzeug als komplexes mechatronisches System, die Fahrer-Fahrzeug-Interaktion, das Fahrzeug in Verkehr und Infrastruktur sowie das Fahrzeug in Gesellschaft und Umwelt.

Band 1 stellt ein System zur Reduzierung des Kraftstoffverbrauchs eines schweren Nutzfahrzeugs vor. Hydraulische Lenksysteme belasten die im Fernverkehr nach wie vor alternativlosen Verbrennungskraftmaschinen permanent, obwohl in der überwiegenden Betriebszeit die erforderlichen Handkräfte klein sind. Die hier vorgeschlagene elektrische Überlagerungslenkung gestattet einen fahrsituationsangepassten Betrieb der hydraulischen Lenkkraftunterstützung und damit insgesamt eine Verbrauchsreduzierung sowie unterstützende Fahrerassistenzfunktionen. Für die Entwicklung des Systems wurde eine neue, systematische Vorgehensweise erarbeitet, die sich auf andere Aufgaben mechatronischer Fahrzeugentwicklung übertragen lässt.

Karlsruhe, im Dezember 2009 — Frank Gauterin

Hybrides Lenksystem zur Kraftstoffeinsparung im schweren Nutzfahrzeug
Technische und methodische Ansätze

Zur Erlangung des akademischen Grades
Doktor der Ingenieurwissenschaften
der Fakultät für Maschinenbau
Universität Karlsruhe (TH)

genehmigte
Dissertation
von

Dipl.-Ing. Urs Wiesel

Tag der mündlichen Prüfung: 30. September 2009
Hauptreferent: Herr Prof. Dr. rer. nat. Frank Gauterin
Korreferent: Herr Prof. Dr.-Ing. Marcus Geimer

Zusammenfassung

Hybrides Lenksystem zur Kraftstoffeinsparung im schweren Nutzfahrzeug

Technische und methodische Ansätze

Die Arbeit behandelt eine neuartige Methodik zur systematischen und effizienten Entwicklung mechatronischer Systeme. Dabei liegt der Fokus auf dem Entwurf sowie der Modellierung und Validierung des Systems mit dem Ziel der Erstellung einer optimalen Betriebsstrategie und der Auswahl eines optimalen Systemdesigns.

Die Methodik findet Anwendung bei dem Entwurf eines verbrauchsreduzierten hybriden Lenksystems für das schwere Nutzfahrzeug. Dabei wird ein hydraulisches Open-Center-Lenksystem um einen aktiven Volumenstromverstellmechanismus erweitert und mit einem elektromechanischen Lenkungssteller kombiniert. In der Arbeit wird eine leistungsgeführte Betriebsstrategie vorgestellt, die es erlaubt, die Lenkhilfe stets nach dem Aspekt des minimalen Energieverbrauchs bereitzustellen, wodurch sich eine Kraftstoffeinsparung erzielen lässt.

Abstract

Hybrid steering system for reducing commercial vehicle fuel consumption
Technological and methodical approaches

A new methodology for a systematic and efficient development of mechatronical systems is presented in this work. According to this methodology, the design and the modeling and validation of the system is conducted with the aim of developing an optimized operation strategy and of the choice of the best system design.

The methodology is applied to the design of a hybrid steering system with reduced fuel consumption for the heavy-duty trucks. In the hybrid steering system an active flow regulation mechanism is added to a hydraulic open-center steering system, which is combined with an electro-mechanical steering actuator. In this work an operation strategy is presented, which chooses the steering assistance according to the lowest wattage needed, whereby the reduction of fuel consumption is achieved.

Vorwort

Die vorliegende Arbeit entstand während meiner Tätigkeit als Doktorand bei der Daimler AG, im Bereich der Truck Vorentwicklung, Abteilung Mechatronik in Stuttgart Untertürkheim.

Mein ganz besonderer Dank gilt Herrn Prof. Dr. rer. nat. Frank Gauterin, Leiter des Lehrstuhls für Fahrzeugtechnik des Instituts für Fahrzeugtechnik und Mobile Arbeitsmaschinen der Universität Karlsruhe (TH), der mich während meiner Doktorandenzeit in einem hohen Maß unterstützte. Sein großes Engagement und seine wertvollen Anregungen trugen dem Gelingen dieser Arbeit maßgebend bei.

Des Weiteren gilt mein Dank Herrn Prof. Dr.-Ing. Marcus Geimer, Leiter des Lehrstuhls für Mobile Arbeitsmaschinen des Instituts für Fahrzeugtechnik und Mobile Arbeitsmaschinen der Universität Karlsruhe (TH), für die Übernahme des Korreferates und die damit verbundenen Bemühungen sowie für sein entgegengebrachtes Interesse an dieser Arbeit.

Ebenso bedanke ich mich bei Herrn Dr.-Ing. Andreas Schwarzhaupt, Abteilungsleiter Mechatronik in der Truck Vorentwicklung der Daimler AG, für das entgegengebrachte Vertrauen, mir dieses reizvolle Themengebiet und ein hohes Maß an Gestaltungsfreiheit überlassen zu haben.

Mein Dank gilt ebenso allen Kollegen, die meine Arbeit unterstützten und zu einer freundschaftlichen Atmosphäre beitrugen. Bei Herrn Dr.-Ing. Michael Frey möchte ich mich für die jahrelange Unterstützung während meines Studiums und meiner Doktorandenzeit bedanken. Meinen Kollegen Herrn Martin Rothmund und Herrn Dr.-Ing. Stefan Gast danke ich für die fachlichen Diskussionen und Anregungen, die meine Arbeit bereicherten. Meinen Diplomanden Herrn Tobias Büllesfeld, Herrn Pierre Laporte, Herrn Ralf Oberfell und Herrn Jörg Weber danke ich für die sehr guten Arbeiten. Herrn Ralf Oberfell, der als Doktorand nachfolgt, möchte ich besonders für die Unterstützung bei den Messungen in den letzten Monaten danken. Ebenso möchte ich mich bei Herrn Ralf Kiefer und Herrn Gerhard Weihgold für die unbürokratische werkstattseitige Unterstützung beim Erprobungsträger- und Prüfstandsaufbau bedanken. Herrn Dr.-Ing. Jan Wirnitzer, Herrn Dr.-Ing. István Végh , Herrn Daniel Hillesheim, Herrn Andreas Griesing und Herrn Dr.-Ing. Erik Sieglin danke ich für die herzliche Arbeitsatmosphäre.

Einen ganz herzlichen Dank spreche ich meinen Eltern, meiner Schwester, meinen Großeltern und meiner Lebensgefährtin Frau Dr. rer. nat. Anne Lechtken für die Unterstützung und Geduld während meines Studiums und der Doktorarbeit sowie das Korrekturlesen meiner Arbeit aus.

Ludwigshafen, im August 2009 Urs Wiesel

Inhaltsverzeichnis

1. Einleitung

Die Kostenentwicklung im Nutzfahrzeugbereich unterliegt einem dramatischen Wandel. Die Kraftstoffkosten stellen nach Angaben des Bundesverbands Güterkraftverkehr Logistik und Entsorgung im Fernverkehrsbereich mit einem Anteil von 26% neben den Lohnkosten (ebenfalls 26%) den größten Kostenfaktor dar (Stand Juli 2008, [BGL-08]), siehe Abbildung 1.1. Vergleicht man diesen Wert mit dem von Januar 2005 (22%), so stellt dies einen Anstieg der Kraftstoffkosten an den Gesamtkosten um 15% dar.

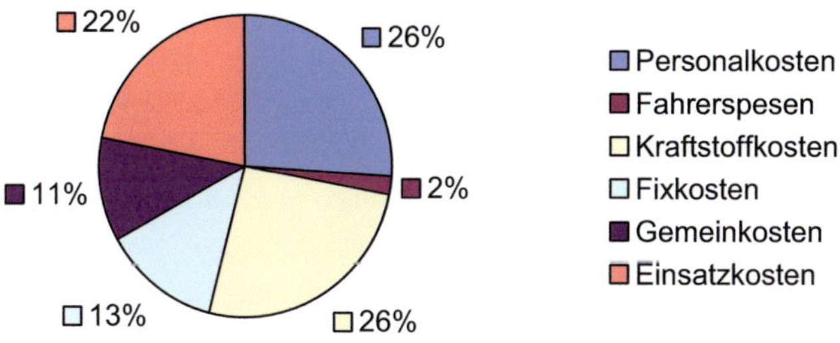

Abb. 1.1: Kostenstruktur nationaler Fernverkehr (Deutschland) Stand Juli 2008, Datenbasis [BGL-08]

Dadurch erlangt die Entwicklung von Kraftstoffreduktionsmaßnahmen einen immer höheren Stellenwert, wobei inzwischen Maßnahmen zur Kraftstoffreduktion in einer Größenordnung von weniger als einem Prozent in der Forschung und Entwicklung der Automobilindustrie bereits verfolgt werden. Auch wenn die Nebenaggregate lediglich einen Anteil von weniger als drei Prozent vom Gesamtenergieeintrag im Nutzfahrzeug (Nfz) ausmachen, so liegt dennoch auch die Nebenaggregateoptimierung im Fokus der Leistungsreduktionsoptimierung [Hil-09].

In diesem Zusammenhang besteht die Möglichkeit, den Kraftstoffverbrauch durch eine bedarfsorientierte Bereitstellung der Servounterstützung (lat. servus, „Diener") zu reduzieren.

Diese Möglichkeit ist im derzeitigen hydraulischen Open-Center-Lenksystem (OC) nicht gegeben. Das herkömmliche hydraulische Lenkkraftunterstützungssystem erzeugt einen motordrehzahlabhängigen hydraulischen Fördervolumenstrom, der permanent unabhängig von der eigentlichen Lenkaktivität gegen eine Druckdifferenz gefördert wird und dadurch relativ hohe Verluste verursacht. Insbesondere für das Nfz im Fernverkehr bedeutet dies aufgrund des hohen Langstreckenanteils bei hohen Motordrehzahlen eine permanent vorliegende hydraulische Verlustleistung.

Im Pkw-Bereich haben sich elektromechanische Lenksysteme nicht zuletzt wegen der Mehrwertfunktionalitäten hinsichtlich Lenkungsassistenzfunktionen im Markt etabliert und es lässt sich mit der bedarfsorientierten Servounterstützung gegenüber dem konventionellen hydraulischem OC-Lenksystem je nach Betriebszustand eine Leistungsreduktion von mehr als 85% [Zfl-08a] erzielen. Im Gegensatz zum Pkw-Bereich ist eine reine Elektrifizierung im Nfz aufgrund der hohen Lenkungskräfte bei derzeitiger Energiebordnetzauslegung jedoch nicht möglich. Daher gibt es Entwicklungsansätze im Nfz-Bereich, bei denen eine bedarfsgerechte Volumenstromerzeugung für das bestehende hydraulische OC-Lenksystem entwickelt wird, wodurch Leistungsreduktionspotenziale von bis zu 40% [Zie-08] erzielt werden können.

In dieser Arbeit werden daher erstmals für unterschiedliche Systemkonfigurationen Betriebsstrategien für ein hybrides Lenksystem mit aktivem Volumenstromverstellmechanismus in Hinblick auf maximale Kraftstoffeinsparung vorgestellt, wodurch Leistungsreduktionspotenziale von bis zu 75% erzielt werden können. Unter einem hybriden Lenksystem ist in dieser Arbeit ein Lenksystem zu verstehen, dessen Lenkhilfe entweder durch ein hydraulisches OC-Lenksystem, versorgt über eine von dem Verbrennungsmotor angetriebene Lenkhelfpumpe (LHP), oder durch einen elektromotorischen Lenkungssteller, gespeist von der vom Verbrennungsmotor angetriebenen Lichtmaschine (LM), bereitgestellt werden kann. Unter dem aktiven Volumenstromverstellmechanismus ist im Rahmen dieser Arbeit zu verstehen, dass der hydraulische Systemvolumenstrom aktiv über eine externe Ansteuerungseinrichtung verstellt werden kann.

Die Grundidee besteht darin, dass in Fahrsituationen, in denen nicht oder nur wenig gelenkt wird, die Lenkhilfe ausschließlich durch den elektromotorischen Lenkungssteller bereitgestellt und gleichzeitig die hydraulischen Verluste durch bedarfsgerechte Drosselung des hydraulischen Systemvolumenstroms reduziert werden. Lediglich in Fahrsituationen, in denen ein hohes Maß an Servounterstützung angefordert wird, erfolgt die Lenkhilfe durch die rein hydraulische Lenkhilfe, siehe Abbildung 1.2.

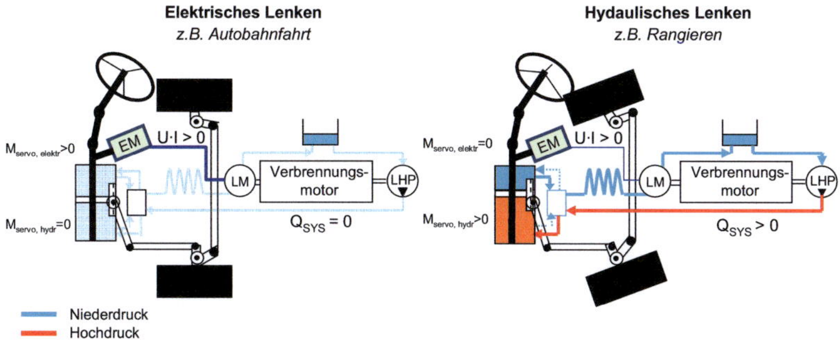

Abb. 1.2: Wirkweise des verbrauchsreduzierten hybriden Lenksystems: rein elektrisches Lenken (links), hydraulisches Lenken (rechts)

Mit dem gleichzeitig wachsenden Trend zur Realisierung von Fahrerassistenzsystemen wird dieses oben genannte hybride Lenksystem nicht nur den Anforderungen nach einer Kraftstoffreduktion, sondern bei Realisierung von Lenkungsassistenzfunktionen auch der Erhöhung der Fahrsicherheit im Nfz gerecht und besitzt daher großes Zukunftspotenzial.

Mit der Existenz zweier Servounterstützungseinheiten, deren gemeinsame Aufgabe die Bereitstellung einer Servounterstützung nach dem Kriterium des minimalen Energieverbrauchs ist, nimmt aufgrund der zahlreichen Möglichkeiten hinsichtlich des hardwaretechnischen Systemdesigns und des Entwurfs der Betriebsstrategie die mechatronische Systemkomplexität stark zu. Zur Komplexitätsbeherrschung und zur Erstellung eines optimierten Systementwurfs von mechatronischen Systemen existieren in der Literatur bereits zahlreiche allgemeingültige Vorgehensweisen, die in Form von allgemeinen Leitfäden sowie Prozessbausteinen für die Entwicklung von mechatronischen Systemen formuliert sind. Eine konkrete Entwicklungsunterstützung, die auf die spezifische Entwicklungsaufgabe sowie die Rahmenbedingungen im vorliegenden Entwicklungsbereich zugeschnitten ist, kann jedoch durch die allgemeingültigen Leitfäden nicht geleistet werden. So erfolgt bislang im Vorfeld der Simulationsmodellerstellung meist keine systematische Bestimmung des Parametereinflusses auf das Gesamtsystem, wodurch die Gefahr entsteht, dass einflussreiche Komponenten und Parameter in der Simulation entweder nicht oder nicht hinreichend genau und weniger einflussreiche Parameter in einem höheren Detaillierungsgrad als notwendig abgebildet werden. Die Folge ist entweder ein zu hoher Entwicklungsaufwand oder eine zu ungenaue Modellgüte.

Ebenso werden bislang bei der Planung der Simulationsmodellerstellung vorhandene Ressourcen, wie existierende Prüfstandsvorrichtungen im Entwicklungsbereich, bereits vorhandene Teilmodelle und vorhandenes Wissen aus Datenbanken, nicht systematisch berücksichtigt, wodurch die Modellvalidierung nicht nach dem Aspekt einer entwicklungseffizienten Vorgehensweise ausgerichtet wird.

Im Rahmen dieser Arbeit soll eine methodische Vorgehensweise für die Modellierung und Validierung eines mechatronischen Systems mit dem Ziel der Optimierung des zu entwickelnden Systems und zur Erstellung einer Betriebsstrategie vorgestellt werden. Dafür soll eine entwicklungseffiziente Vorgehensstrategie für den Aufbau einer Simulationsumgebung und deren Validierung mit dem Ziel der fundierten Potenzialabschätzung unterschiedlicher Systemkonfigurationen und deren optimaler Betriebsstrategie unter dem Fokus der optimalen Ressourcenausnutzung im gegebenen Entwicklungsumfeld entworfen werden. Diese Vorgehensweise soll in dieser Arbeit bei der Entwicklung eines hybriden Lenksystems mit aktivem Volumenstromverstellmechanismus mit dem Ziel der Kraftstoffreduktion Anwendung finden.

Auf Basis einer Systemanalyse und des daraus gewonnenen Systemverständnisses wird in dieser Arbeit eine an die Entwicklungsaufgabe angepasste Simulationsmodellumgebung hinsichtlich der Leistungsflussbetrachtung geschaffen und validiert. Die Simulationsmodellumgebung ist notwendig, um fundierte Potenzialaussagen für die unterschiedlichen Systemkonfigurationen treffen zu können, da in der frühen Entwicklungsphase noch keine realen Prototypen mit den gewünschten Eigenschaften zur Verfügung stehen. Dennoch sind fundierte Potenzialaussagen bereits in der frühen Entwicklungsphase von signifikanter Bedeutung, um sowohl den Produktentstehungsprozess auf das Konzept mit dem größten Erfolgspotenzial auszurichten, als auch Fehlentwicklungen zu vermeiden.

Für die Erstellung einer der Entwicklungsaufgabe angepassten Simulationsumgebung wird dazu im Rahmen einer Modellierungs- und Validierungsstrategie eine Methodik vorgestellt, mit der der Modellierungsumfang, die Modellierungsart, und der Detaillierungsgrad systematisch erschlossen und ein konkreter Validierungsweg vorgegeben wird. Da die Modellbildung und die Validierung in der Regel mit einem hohen Aufwand verbunden sind, wird zum Zwecke eines effizienten Vorgehens und der optimalen Ressourcenausnutzung im Entwicklungsbereich ein Weg aufgezeigt, der sich für eine geforderte Gesamtmodellgüte nach dem geringsten Entwicklungsaufwand richtet. Dazu werden die Modellbildung und Modellvalidierung nicht separat behandelt, sondern aufeinander abgestimmt. Durch die besondere Berücksichtigung der im Entwicklungsbereich vorhandenen Rahmenbedingungen, wie beispielsweise vorhandenes Wissen aus Vorgängerprojekten und bereits vorhandene experimentelle Prüfeinrichtungen, wird die Methode den Ansprüchen der industriellen Praxis gerecht.

1.1 Aufbau und Inhalt

Die vorliegende Arbeit ist in 8 Kapitel untergliedert. **Kapitel 2** stellt den technischen Stand der Verbrauchsreduktionsmaßnahmen von Lenksystemen dar. Dabei werden die unterschiedlichen Ansätze zur Leistungsreduktion von Lenksystemen im Pkw-Bereich vorgestellt und auf die Übertragbarkeit im Nfz geprüft. Im Anschluss daran wird als neues Lenksystemkonzept das hybride Lenksystem mit einem aktiven Volumenstromverstellmechanismus für unterschiedliche Systemkonfigurationen zur Kraftstoffreduktion im Nfz vorgestellt und es werden die technischen Herausforderungen beschrieben.

Kapitel 3 stellt existierende methodische Ansätze zur Entwicklung von mechatronischen Systemen mit dem Schwerpunkt des modellbasierten Funktionsentwurfs vor, woraus sich die methodische Zielsetzung dieser Arbeit ableitet.

In **Kapitel 4** wird anhand einer Systemanalyse ein detailliertes Systemverständnis für das komplexe mechatronische Lenksystem geschaffen. Ausgehend von einer abstrakten Beschreibung der Leistungsflüsse im Lenksystem wird der Betrachtungshorizont systematisch erschlossen, es werden die Systemkomponenten identifiziert und geeignete Systemgrenzen definiert. Für die verbrauchsreduzierte Lenkung wird eine leistungsgeführte Betriebsstrategie hergeleitet, die sich nach dem Kriterium des minimalen Energieverbrauchs richtet. Dabei lässt sich diese Betriebsstrategie an nutzungsprofil-, systemdesign- und fahrzeugspezifische Parameter flexibel anpassen.

Kapitel 5 befasst sich mit der methodischen Erstellung eines Leitfadens zur Erstellung einer Modellierungs- und Validierungsstrategie unter dem Fokus eines minimalen Gesamtentwicklungsaufwands zur Sicherstellung einer geforderten Modellgüte. Ausgehend von einer Sensitivitätsanalyse wird das Einflussverhalten jedes einzelnen Parameters auf die Gesamtenergiebilanz bestimmt. Modellierungs- und Validierungsstufen werden unter Angabe der zu erwartenden Parameterabbildungsgüte und des Modellierungs- und Validierungsaufwands definiert. Mit Hilfe eines Optimierungsalgorithmus wird daraufhin für eine geforderte Modellgüte die Kombination berechnet, die den geringsten Gesamtaufwand fordert.

Auf Basis der experimentellen Validierungsuntersuchungen nach den Vorgaben des methodischen Validierungsprozesses und der Integration des modellbasierten Funktionsentwurfs jeder Systemkonfiguration in die validierte Simulationsumgebung werden in **Kapitel 6** für die unterschiedlichen Systemkonfigurationen anhand von realen Fahrzyklen unterschiedlichen Nutzungsprofils die Leistungsreduktionspotenziale berechnet.

In **Kapitel 7** wird die Performance der methodischen Vorgehensweise aufgezeigt. Dabei werden die Potenziale der Methode benannt und auf die Voraussetzungen für die Anwendbarkeit sowie die Übertragbarkeit der Methode auf andere Entwicklungsprojekte diskutiert.

Kapitel 8 endet mit der Zusammenfassung und einem Ausblick.

2. Verbrauchsreduzierung von Lenksystemen

Ausgehend von der Beschreibung des konventionellen hydraulischen Lenksystems im Nfz und dessen Hauptverlustquellen werden in diesem Kapitel zunächst bisher untersuchte Optimierungspotenziale hinsichtlich der Leistungsreduktion von Lenksystemen vorgestellt. Im Anschluss daran wird die Möglichkeit einer Übertragbarkeit dieser auf das Nfz geprüft. Als neuer Ansatz wird die Funktionsweise des hybriden Lenksystems vorgestellt. Für die erfolgreiche und zielgerichtete Entwicklung des hybriden Lenksystems resultieren technische Herausforderungen, auf die abschließend eingegangen wird.

2.1 Konventionelles hydraulisches Lenksystem

Bevor mögliche Energieoptimierungsansätze bei Lenksystemen im Nfz erörtert werden, sollen in diesem Abschnitt zunächst die Funktionsweise des konventionellen hydraulischen Lenksystems im Nfz dargestellt und im Anschluss daran die Hauptverlustquellen solch eines Systems beschrieben werden.

2.1.1 Funktionsprinzip

Das heutige konventionelle Lenksystem im Nfz lässt sich als ein vollhydraulisches OC-Lenksystem beschreiben. In Abbildung 2.1 ist ein solches Lenksystem schematisch nach [Zfl-08b] dargestellt.

Das Lenksystem setzt sich aus einer vom Verbrennungsmotor direkt angetriebenen LHP [21] mit einem Strombegrenzungsventil [20], einem Lenkgetriebe mit einem OC-Ventil, einem Ölbehälter [22], mit einem Filterelement diversen Rohrleitungen, ggf. einem Lenkungskühler und Dehnschläuchen zusammen.

Für die Ölversorgung des Lenksystems kommen heute in der Regel doppelhubige Flügelzellenpumpen zum Einsatz, deren Fördermenge sich proportional zur Motordrehzahl verhält. Da der Systemvolumenstrom innerhalb der Lenkanlage unabhängig von der Lenkradbewegung und der notwendigen Lenkhilfe in gewissen Grenzen konstant sein sollte, wird bei Überschreitung eines Grenzvolumenstroms bei einer bestimmten Grenzdrehzahl der Volumenstrom der LHP mittels eines pumpeninternen proportionalen Strombegrenzungsventils [20] begrenzt. Der Betrag des Systemvolumenstroms ergibt sich aus der maximal notwendigen Lenkradwinkelgeschwindigkeit. Während die überschüssige Fördermenge der LHP über einen pumpeninternen Rücklauf zur Saugseite zurückgeführt wird, wird der für den Betrieb der Lenkanlage vorgesehene Systemvolumenstrom über die Druckleitung und die Dehnschläuche, die neben der eigentlichen Transportaufgabe die Druckpulsation mindern, zum Lenkgetriebe gefördert.

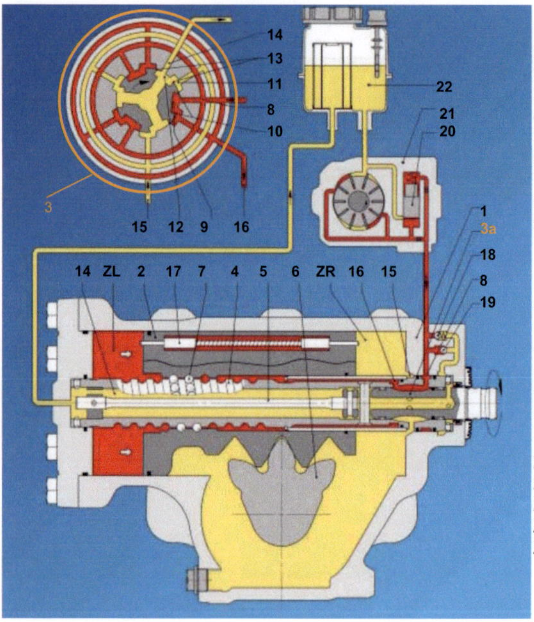

1 Gehäuse
2 Kolben
3 Steuerventil
3a Ventilschieber
4 Schnecke
5 Torsionsstab
6 Segmentwelle
7 Kugelkette
8 Zulauf-Radialnut
9 Zulauf-Steuernut
10 Zulauf-Steuerkante
11 Axialnut
12 Rücklauf-Steuernut
13 Rücklauf Steuerkante
14 Rücklaufraum
15 Radialnut
16 Radialnut
17 Hydr. Lenkbegrenzung
18 Druckbegrenzungsventil
19 Nachsaugventil
20 Strombegrenzungsventil
21 Lenkhelfpumpe
22 Ölbehälter
ZL Zylinderkammer links
ZR Zylinderkammer rechts

Abb. 2.1: Open-Center-Lenksystem mit Kugelmutter-Hydrolenkung [Zfl-08b]

Im Gegensatz zum Pkw-Bereich, in dem sich Zahnstangenlenkungen als Lenkgetriebeausführung etabliert haben, kommen im schweren Nfz-Bereich aufgrund der hohen Achslasten bis auf wenige Ausnahmen Kugelumlauf-Hydrolenkungen zum Einsatz.

Die kinematischen Zusammenhänge (Wegeabhängigkeit) in der Kugelumlauf-Hydrolenkung sind dadurch charakterisiert, dass eine durch den Fahrer erzeugte rotatorische Lenkbewegung der Eingangswelle des Lenkgetriebes über die Schnecke [4] und die Kugelkette [7] in eine axiale Bewegung des Kolbens [2] gewandelt wird. Von dort wiederum wird die axiale Bewegung des Kolbens über eine Verzahnung zwischen Kolben und Segmentwellen [6] in eine rotatorische Bewegung der Segmentwelle (Ausgangswelle Lenkgetriebe) gewandelt. Die Bewegung des an der Segmentwelle befindlichen Lenkstockhebels führt in Abhängigkeit von der Lenkgestängekinematik zu dem Lenkeinschlag am Rad.

Der Betrag der Servokraft (Kraftabhängigkeit) wird durch ein im Lenkgetriebe befindliches Steuerventil dosiert. Der Torsionsstab [5], der im Kraftfluss des primärseitigen Lenkstrangs liegt, steht am Torsionsstabeingang mit dem Ventilschieber [3a] (Primärteil der Steuerung) und am Torsionsstabende mit der Schnecke [5] (Sekundärteil der Steuerung) in Verbindung. Wird am Lenkrad keine Handkraft aufgebracht, werden Ventilschieber [3a] und Schnecke aufgrund des Torsionsfederprinzips gegenseitig zentriert und die Steuerkanten für beide Lenkgetriebekammern stehen in einem symmetrischen Verhältnis, sodass in Neutralstellung des Ventils das Öl gleichmäßig über die offenen Zu- [10] und Rückflusssteuerkanten [13] in den Rücklaufraum [14] des Lenkgetriebes strömt.

Findet dagegen über das Lenkrad eine Krafteinleitung statt, verdreht sich aufgrund der Elastizität der Torsionsstab [5] aus der Neutralstellung und es kommt zu einer Relativbewegung zwischen dem Ventilschieber [3a] und der Schnecke. Dadurch verdrehen sich die in der Neutralstellung vorliegenden symmetrisch angeordneten Steuerkanten zwischen Steuerschieber und Schneckenventilbohrungen, wodurch die Zulaufquerschnitte zu der einen Zylinderkammer vergrößert und die zu der anderen verkleinert werden. Umgekehrt verhält es sich mit den Rückflaufquerschnitten. Von dort aus kann über die Rückflussleitung der Systemvolumenstrom ggf. über einen Lenkungskühler drucklos in den Öltank zurückfließen. Durch die asymmetrische Steuerung des Systemvolumenstroms in die linke [ZL] und rechte Zylinderkammer [ZR] wird erreicht, dass sich zwischen beiden Kammern eine Druckdifferenz bildet, die über den Kolbenquerschnitt zu einer den Fahrer unterstützenden Servokraft führt. Der Zusammenhang zwischen Handkraft und Unterstützungskraft wird durch die Auslegung des Ventils bestimmt und richtet sich nach der Fahrzeugvariante.

Es soll an dieser Stelle erwähnt werden, dass sich die oben beschriebene Funktionsweise des Steuerventils mittels unterschiedlicher konstruktiver Ausführungen realisieren lässt. Alternative konstruktive Lösungen werden in Stoll [Sto-92] detailliert beschrieben.

2.1.2 Hauptverlustquellen

Ein mit einer konventionellen Konstantpumpe ausgestattetes OC-Lenksystem weist unter dem Aspekt der Energiebilanzierung entscheidende Nachteile auf. Aufgrund des permanent notwendigen Systemvolumenstroms, der von der eigentlichen Lenkaktivität entkoppelt ist, arbeitet solch ein Lenksystem nicht bedarfsorientiert, siehe Bootz [Boo-04].

Neben bauartbedingten mechanischen Reibungseffekten in beweglichen Lagern und Dichtungen sowie Leckageverlusten in LHP und Lenkgetriebe dominieren im Lenksystem die Druckverluste der einzelnen Komponenten (Hydraulikleitungen, Steuerventil, Ölfilter). Durch die Summation der einzelnen Druckverluste wirkt am Ausgang der LHP ein Druck, gegen den die Pumpe fördern muss. Ein entscheidender Nachteil resultiert dabei aus der Systemauslegung der LHP. Das Lenksystem wird nach hoher Lenkradgeschwindigkeit (ca. 75% von seiner maximalen Auslegungsgrenze) und größter Servokraftunterstützung beim Lenken im Stand ausgelegt, woraus sich die Anforderung einer relativ hohen Fördermenge Q_{LHP} der LHP bereits bei Leerlaufmotordrehzahl $n_{Leerlauf}$ ergibt, um den notwendigen Systemvolumenstrom Q_{SYS} bereitzustellen, siehe Abbildung 2.2.

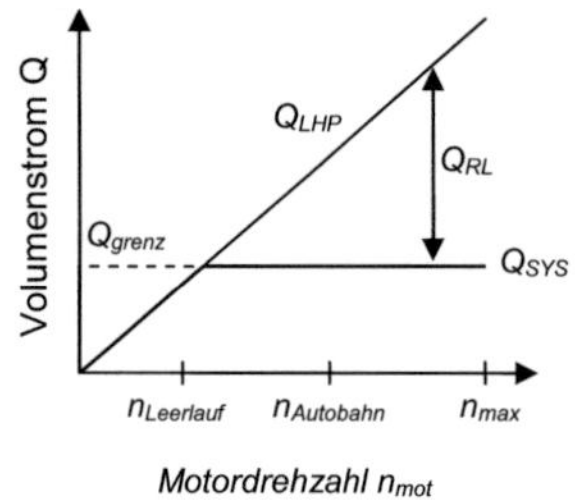

Bezeichung:

Q_{LHP}	Fördermenge LHP
Q_{SYS}	Systemvolumenstrom
Q_{grenz}	Abgeregelter Systemvolumenstrom
Q_{RL}	Rücklaufvolumenstrom

Abb. 2.2: Volumenstrombilanz Lenkhelfpumpe

Dies hat zu Folge, dass bei hohen Motordrehzahlen, wie beispielsweise bei einer Autobahnfahrt, die Pumpe eine weitaus größere Fördermenge erzeugt als es der Auslegungsfall vorschreibt und dadurch die überschüssige Fördermenge über einen pumpeninternen Rücklauf (Rücklaufvolumenstrom Q_{RL}) vom anstehenden Systemdruck nahezu auf Atmosphärendruck abgedrosselt wird. Insbesondere bei hohen Motordrehzahlen entstehen erhebliche Verlustleistungen, siehe u. a. in Ruck [Ruc-96].

Des Weiteren kommt die Tatsache hinzu, dass insbesondere bei Lenkmanövern im üblichen Fahrbetrieb weitaus weniger Systemvolumenstrom notwendig ist als es im Worst-Case-Auslegungsfall vorgeschrieben ist. Ein Grund hierfür ist, dass der notwendige Systemvolumenstrom vornehmlich von der Lenkdynamik, d. h. von der Lenkradwinkelgeschwindigkeit, abhängig ist.

2.2 Kenntnisstand Verbrauchsreduzierungsansätze bei Lenksystemen im Pkw

In der Literatur lassen sich verschiedene Ansätze zur Leistungsreduktion von Lenkanlagen finden. Die Entwicklungsansätze stammen vorwiegend aus dem Pkw-Bereich und lassen sich auf Optimierungsansätze von hydraulischen Lenkanlagen und die Entwicklung von verbrauchsgünstigeren elektromechanischen Lenkanlagen zurückführen.

2.2.1 Open-Center Lenksysteme

Bestehende Ansätze zur Reduktion der Leistungsaufnahme bei rein *hydraulischen OC-Lenksystemen* umfassen neben Optimierungsansätzen zur Durchflussdruckreduzierung Optimierungsansätze der LHP.

Unter dem Gesichtspunkt des physikalischen Wirkprinzips lassen sich die Einsparpotenziale für das OC-Lenksystem auf folgende Maßnahmen zurückführen, siehe u. a. Lubischer *et al.* [Lub-08]:

- Systemdruckreduzierung infolge einer Systemvolumenstromreduzierung
- Reduzierung des pumpeninternen Rücklaufvolumenstroms in Folge einer Fördermengenreduzierung
- Systemdruck- und Rücklaufvolumenstromreduzierung in Folge einer Systemvolumenstrom- und Fördermengenreduzierung (Ausnutzung beider oben genannter Effekte)

Bei der *Systemdruckreduzierung aufgrund der Systemvolumenstromreduzierung* fördert die LHP wie im konventionellen System eine von der Motordrehzahl abhängige Fördermenge Q_{LHP}.

Der Unterschied gegenüber der konventionellen LHP besteht darin, dass der Systemvolumenstrom Q_{SYS} bedarfsgerecht reduziert wird. Der Einfluss des Systemvolumenstroms auf den hydraulischen Druckverlust bewirkt, dass bei Drosselung des Systemvolumenstroms der Systemdruck sinkt. Auf die einzelnen Zusammenhänge wird in Kapitel 4 detailliert eingegangen. Die Energieeinsparung wird dadurch erreicht, dass die LHP im Vergleich zum konventionellen OC-System gegen einen geringeren Systemdruck fördert.

In der Literatur finden sich für die Realisierung einer Systemdruckabsenkung unterschiedliche konstruktive Ansätze.

In Herkommer [Her-02] wird die Integration eines rein mechanisch-hydraulischen *Druckregelventils* in die konventionelle LHP vorgeschlagen, wodurch in Fahrsituationen, in denen nicht gelenkt wird, der Systemvolumenstrom reduziert wird und die überschüssige Fördermenge der Pumpe in den pumpeninternen Rücklauf gelangt. Durch die Integration des Druckregelventils kann laut Herkommer im Pkw-Bereich eine Reduktion der Lenkleistungsaufnahme von bis zu 30% erzielt werden.

Anstatt des mechanisch-hydraulischen Druckregelventils lässt sich nach Lauth *et al.* [Lau-02] durch die Integration eines *elektromagnetisch ansteuerbaren Proportionalventils in einen Bypass (im Folgenden kurz ansteuerbare Bypasspumpe genannt)* der Systemvolumenstrom in Abhängigkeit von CAN-basierten Fahrzustandssignalen, wie beispielsweise der Fahrgeschwindigkeit, des Lenkradwinkels und der Lenkradwinkelgeschwindigkeit, steuern.

Abbildung 2.3 stellt schematisch die Funktionsweise einer solchen ansteuerbaren Bypasspumpe mit elektrisch ansteuerbarem Proportionalventil dar. Bei Ansteuerung des zur Hauptstromdrossel parallel geschalteten elektromagnetisch ansteuerbaren Proportionalventils (blau) wird das Ventil stufenlos geschlossen, wodurch so der Systemvolumenstrom reduziert werden kann.

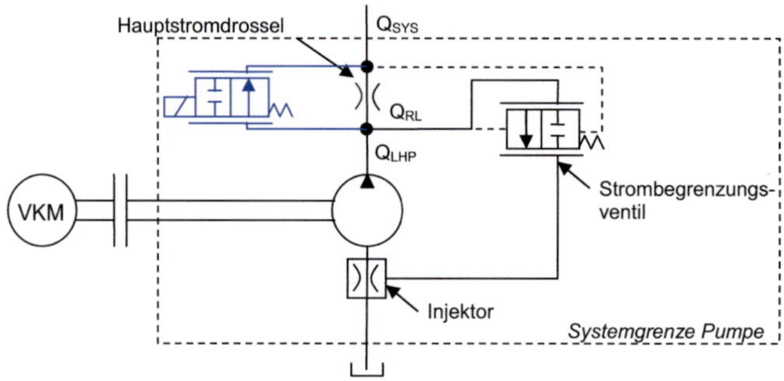

Abb. 2.3: Ansteuerbare Bypasspumpe zur fahrsituationsabhängigen Variation des Systemvolumenstroms zum Zweck der Systemdruckabsenkung in Anlehnung an [Lau-02]. Der gegenüber der konventionellen LHP vorhandene Bypass mit dem elektromagnetisch ansteuerbaren Proportionalventil ist blau dargestellt.

Aufgrund der Einbeziehung von CAN-Signalen, die den aktuellen und ggf. den zukünftigen Fahrzustand erfassen, lässt sich der Systemvolumenstrom bedarfsorientiert und im Vergleich zu der rein mechanisch-hydraulischen Druckregelvariante im höheren Maß drosseln. Dadurch lässt sich in Pkw-Anwendungen nach [Lau-02] die Energiebilanz des Lenksystems je nach Fahrprofil um bis zu 50 % reduzieren.

An dieser Stelle soll darauf verwiesen werden, dass in der Literatur unterschiedliche konstruktive Ausführungen hinsichtlich der Integration eines elektromagnetisch ansteuerbaren Ventils im Lenksystem vorgeschlagen werden, die eine bedarfsorientierte Systemdruckabsenkung im Lenksystem bewirken. Eine alternative Lösung wird beispielsweise in [Zfl-08c] vorgeschlagen.

Die größten Kraftstoffeinsparpotenziale mit solch einem System lassen sich demnach bei hohen Pumpendrehzahlen und Geradeausfahrt erzielen, da hier die hohe Fördermenge der LHP gegen einen im Vergleich zur konventionellen LHP kleineren Systemdruck gefördert wird. Bei schneller Lenkaktivität muss hingegen der volle Systemvolumenstrom zur Verfügung stehen, um die Gefahr der Lenkungsverhärtung aufgrund eines zu kleinen Systemvolumenstroms zu verhindern. Dies stellt einen Zielkonflikt zwischen einer möglichst hohen Systemvolumenstromreduzierung bei Geradeausfahrt und einem schnellen Ansprechen der

Lenkung bei plötzlicher Lenkaktivität dar, zumal zwischen Lenkhilfeanforderung und Wiederherstellung des Systemvolumenstroms eine Totzeit zu überwinden ist. Ein hohes Potenzial ist zu erreichen, wenn neben den Fahrzustandssignalen, wie Fahrgeschwindigkeit, Lenkradwinkel und -geschwindigkeit, prädikative Signale, z. B. vom Radarsensor, der Spurkamera oder der Routennavigation in die Betriebsstrategie mit eingebunden werden, siehe unter anderem in [DE-21].

Bei dem Einsparprinzip *„Reduzierung des Rücklaufvolumenstroms durch eine Fördermengenreduzierung“* erfolgt eine Entkopplung der Fördermenge Q_{LHP} von der Motordrehzahl. Der Fördervolumenstrom wird nicht proportional zur Motordrehzahl gefördert, sondern entspricht, bei Vernachlässigung von Leckageverlusten, dem nominalen Systemvolumenstrom Q_{SYS} der LHP. Das Einsparpotenzial ergibt sich demnach durch fehlende Verluste durch das Umwälzen von überschüssigem Volumenstrom in der LHP.
Die Entkopplung der Fördermenge von der Motordrehzahl kann durch unterschiedliche konstruktive Maßnahmen erfolgen.
Tokumoto [Tok-97] schlägt beispielsweise ein zwischen Pumpe und Motor geschaltetes kontinuierlich verstellbares Getriebe vor, wodurch die Abtriebsdrehzahl des Getriebes bei einer konstanten Drehzahl gehalten werden kann.
Eine andere Möglichkeit besteht in der Realisierung einer einhubigen Flügelzellenpumpe, die es ermöglicht, das Schluckvolumen mit zunehmender Motordrehzahl mittels eines druckdifferenzgesteuerten Ventils zu verkleinern, siehe unter anderem in Mochizuki [Moc-93] und ZF-Lenksysteme [www-21]. Im Pkw-Bereich wird diese LHP bereits in der Serie gefertigt. In Abbildung 2.4 wird das Prinzip der verstellbaren Flügelzellpumpe schematisch dargestellt.

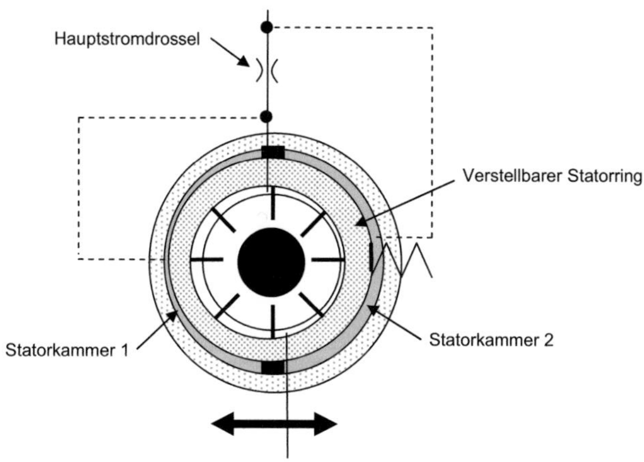

Abb. 2.4: Schematische Darstellung einer verstellbaren einhubigen Flügelzellenpumpe

Mit zunehmender Drehzahl und zunehmendem Förderstrom nimmt an der Hauptdrossel der Differenzdruck zu, woraufhin die Druckdifferenz zwischen den beiden Kurvenringkammern ansteigt und der Kurvenring ab Erreichen einer Grenzdrehzahl aus der dezentralen Position (großes Schluckvolumen) gegen die Federkraft in Richtung zentrale Position (kleines Schluckvolumen) verschoben wird. Mit diesem Konzept kann nach Angaben der ZF-Lenksysteme GmbH im PKW-Bereich bis zu 50% [Zfl-08c] der bisherigen Lenkhelfenergie eingespart werden, im Nfz-Bereich bis zu 40% [www-21].

Kraftstoffeinsparungen gegenüber der konventionellen LHP sind mit diesem Prinzip in jenen Fahrsituationen zu erzielen, in denen die Pumpendrehzahl die nominale Drehzahl zur Erzeugung des nominalen Systemvolumenstroms der konventionellen LHP überschreitet. Da OC-Lenksysteme nach dem Worst-Case-Szenario „Lenken im Stand“ für höchste Lenkkraft und hohe Lenkradwinkelgeschwindigkeit bei niedriger Motordrehzahl (Leerlaufdrehzahl) ausgelegt sind, wird bereits bei Leerlaufdrehzahl beinahe der nominale Systemvolumenstrom gefördert. Leistungsreduktionen sind demnach bereits ab kleinen Fahrgeschwindigkeiten mit leicht erhöhter Drehzahl zu erzielen. Im Gegensatz zu der Lösung *„Systemdruckreduzierung aufgrund der Systemvolumenstromreduzierung“* lässt sich auch in Fahrsituationen Kraftstoff einsparen, in denen gelenkt wird und die hydraulische Servounterstützung benötigt wird, da die Leistungsreduktion ausschließlich durch Verzicht der Rücklaufstromverluste bei gleichzeitiger Beibehaltung der hydraulischen Servounterstützungsfunktion erzielt wird. Am größten sind die erzielbaren Leistungsreduktionen gegenüber der konventionellen LHP bei hohen Motordrehzahlen und hohen Systemdrücken, zum Beispiel bei Kurvenfahrt mit hoher Motordrehzahl, da dort in der konventionellen LHP die höchsten Verluste entstehen.

Der Nachteil gegenüber der konventionellen LHP besteht neben den höheren Pumpenkosten in der größeren Dimensionierung aufgrund des zusätzlichen Mechanismus, in dem höheren Gewicht und der höheren Kosten. Als Vorteil kann jedoch entgegengehalten werden, dass aufgrund der deutlichen Reduzierung der Verlustleistungen unter Umständen auf einen Lenkungskühler verzichtet werden kann, wodurch im Lenksystem wiederum Gewicht und Kosten eingespart werden können.

Eine weitere Möglichkeit der Entkopplung der Fördermenge von der Motordrehzahl wird durch den Antrieb der LHP durch einen Elektromotor realisiert. Solche Lenksysteme sind als elektro-hydraulische Lenksysteme oder auch kurz als EHPS (Electrically Powered Hydraulic Steering) bekannt. Aufgrund des notwendigen elektrischen Leistungsbedarfs für die Bereitstellung der Lenkhilfe sind allerdings für solche Lenksysteme mit einem konventionellen Energiebordnetz Grenzen gesetzt.

Die höchsten Einsparungen bei rein hydraulischen OC-Lenksystemen lassen sich durch die Ausnutzung beider oben beschriebener Effekte, nämlich durch die *Systemdruck- und Rücklaufvolumenstromreduzierung,* erzielen. So kann in Fahrsituationen, in denen nicht oder nur sehr wenig gelenkt wird, neben fehlenden pumpeninternen Umwälzverlusten eine Leistungsreduktion durch eine Systemdruckreduzierung erzielt werden, indem der Systemvolumenstrom reduziert wird. Im Vergleich zur Konfiguration mit drehzahlunabhängiger konstanter Fördermenge könnte demnach insbesondere bei Geradeausfahrt eine weitere Leistungsreduktion geleistet werden.
Eine Lösung besteht darin, die Hauptstromdrossel der oben genannten Flügelzellenpumpe mit verstellbarem Statorring durch ein elektromagnetisches Drosselventil zu substituieren. Diese Lösung befindet sich derzeit bei den LHP-Herstellern in Entwicklungsphase und soll im Rahmen dieser Arbeit bei der Modellbildung berücksichtigt werden. Im Folgenden wird diese LHP kurz „ansteuerbare Verstellpumpe“ genannt.
Eine weitere Lösung besteht in der Realisierung einer ansteuerbaren sauggedrosselten Radialkolbenpumpe, die im Rahmen dieser Arbeit nur erwähnt bleiben soll, da derzeit keine Serienentwicklungstendenzen seitens der LHP-Hersteller bekannt sind. Bei dieser Art von Radialkolbenpumpen wird ein elektromagnetisches Drosselventil, dessen Durchflussquerschnitt stetig verstellbar ist, in der Saugleitung angeordnet, wodurch die erzeugte Fördermenge der LHP variiert werden kann, siehe Welschof [Wel-92].
Auch kann das Problem durch den Einsatz einer EHPS-Lenkung gelöst werden, deren Fördervolumenstrom fahrsituationsabhängig gesteuert werden kann. In der Literatur beläuft sich das Einsparpotenzial für eine elektro-hydraulische Lenkung nach Wiertz [Wie-05] je nach Zyklus auf bis zu 80%. In Herkommer [Her-02] wird alternativ die Möglichkeit der Erweiterung der Verstellpumpe durch einen elektrisch ansteuerbaren Volumenstromverstellmechanismus genannt.

2.2.2 Closed-Center-Lenksysteme

Einen anderen Ansatz zur Leistungsreduktion bei hydraulischen Lenksystemen stellen Closed-Center-Lenksysteme (CC-Lenksysteme) dar. CC-Lenksysteme zeichnen sich dadurch aus, dass im Vergleich zu konventionellen OC-Lenksystemen kein permanenter Systemvolumenstrom durch das Lenksystem fließt. Die Grundidee ist, dass die LHP zunächst einen Druckspeicher auflädt. Findet keine Lenkaktivität statt, bleibt das Lenkventil geschlossen (Closed-Center). Wird dagegen eine Lenkunterstützung angefordert, öffnet das Lenkventil und das vom Kolben verdrängte Volumen fließt vom Druckspeicher in die druckbelastete Kammer des Lenkzylinders. Das Einsparpotenzial ergibt sich im Idealfall darin, dass lediglich für die Verschiebung des Arbeitskolbens Energie aus dem Druckspeicher benötigt wird, sodass die Leistungsaufnahme eines idealen leckagefreien Lenksystems nach Müller [Mue-05] um bis zu 79% gegenüber einem konventionellen OC-Lenksystem reduziert werden kann.

Bei CC-Lenksystemen wurden in der Vergangenheit unterschiedliche konstruktive Konfigurationen hinsichtlich des Pumpenantriebs und des Steuerventildesigns untersucht. Bei dem Antrieb der LHP wird ähnlich zu OC-Lenksystemen zwischen dem direkt an die Verbrennungsmotordrehzahl gekoppelten Antrieb, siehe u. a. in Müller *et al.* [Mue-04], dem elektromotorischen Antrieb und dem Antrieb durch eine Verstellpumpe, siehe Bootz [Boo-04], unterschieden. Auch eine Mischform bestehend aus einer kleinen direkt vom Verbrennungsmotor angetriebenen LHP und einer EHPS wurde in Wentao *et al.* [Wen-07] untersucht. Unabhängig davon besitzen Closed-Center-Lenksysteme entscheidende Nachteile. In Altmann [Alt-96] wird auf das zentrale Problem solch eines Systems hingewiesen, wonach bereits bei kleiner innerer Leckage die hydraulischen Verluste sehr hoch sind, da das Öl unter hohem Systemdruck steht. Weber [Web-01] benannte den Zielkonflikt zwischen geringer Leckage und hinreichend schneller Regelung der Servokraft, wonach sich bei Optimierung des Steuerventils nach kleinen Leckagen das Lenkverhalten aufgrund der unzureichenden Ventilcharakteristik verschlechtert.

Ein zusätzlicher Druckspeicher und eine komplexe Regelstrategie machen sich bei den Aspekten Kosten, Bauraum und Gewicht negativ bemerkbar. Bisher hat sich ein CC-Lenksytem im Markt auf breiter Basis nicht zuletzt wegen oben beschriebener technischer Nachteile nicht etablieren können. Entwicklungstrends haben sich aufgrund der rasanten Entwicklungsfortschritte im Bereich der Elektromotoren sowie aufgrund der Trends der Hybridisierung, der Elektrifizierung und der Realisierung von Fahrerassistenzsystemen im Automobil in Richtung elektromechanische Lenksysteme verlagert. Die Entwicklung von CC-Lenksystemen steht seit wenigen Jahren in der Industrie nicht mehr im Fokus der Forschung und Entwicklung und stellt auch für die Entwicklung einer verbrauchsreduzierten Lenkung im Nfz keine priorisierte Lösung dar.

2.2.3 Vollelektrifizierung von Lenksystemen

Eine Lösung gänzlich ohne hydraulischen Anteil stellen *elektromechanische Lenksysteme* dar, die mit Hilfe eines Elektromotors die Servounterstützung für einen komfortablen Lenkbetrieb zur Verfügung stellen.

Die Servounterstützung wird dadurch geleistet, dass ein Lenkmomentensensor fortlaufend das anliegende Handmoment registriert und in Abhängigkeit von diesem Wert und weiteren Fahrzustandssignalen, wie beispielsweise der Fahrzeuggeschwindigkeit, die notwendige

Servounterstützung in einem Steuergerät berechnet wird. Über ein Stellsignal an die Leistungselektronik des Elektromotors und die Umwandlung in Phasenströme des Elektromotors wird das gewünschte Servomoment erzeugt.
Auch wenn nach Bertram *et al.* [Ber-05] bezogen auf die gesamte Wirkungsgradkette der Energiebereitstellung und Energiewandlung eine Elektrolenkung je nach Randbedingung mehr Energie benötigt als eine mechanisch-hydraulische Lenkhilfe, so bietet die elektromechanische Lenkung gegenüber den hydraulischen Lenkanlagen aufgrund der bedarfsorientierten Bereitstellung der Hilfskraftunterstützung bei gleichzeitiger minimaler Stand-By-Energie im Durchschnitt die größten Einsparpotenziale. In Pötzl *et al.* [Poe-05] und Karch *et al.* [Kar-07] werden für eine elektromechanische Lenkung je nach Betriebszustand als erreichbare Leistungsreduktionen Werte von mehr als 90 % angegeben.
Neben den Potenzialen zur Leistungsreduktion ergeben sich bei elektromechanischen Lenkungen gegenüber hydraulischen Lenksystemen weitere signifikante Vorteile. Konstruktiv gesehen ergeben sich in dem hochintegrativen Konzept und dem Wegfall von zusätzlichen Komponenten, wie LHP, Verrohrungen, Öltank und Hydrauliköl, Vorteile in der Montagezeit, trotz Berücksichtigung der Montage des Kabelbaums bei dem elektromechanischen Lenksystem. Funktional gesehen ergeben sich Vorteile in der softwarebasierten Parametrierung von Lenkungsassistenzfunktionen, siehe u. a. in Brunnschweiler [Bru-05]. Dadurch ergeben sich bei ändernden Rahmenbedingungen, beispielsweise Achslastvarianten aufgrund einer anderen Motorisierung innerhalb der gleichen Baureihe oder aufgrund der Adaption des Lenksystems in andere Baureihen, im Vergleich zu hydraulischen Lenksystemen Zeit- und Kostenvorteile. Die Integration von Mehrwertfunktionen in den Bereichen Komfort und Sicherheit lässt sich softwaretechnisch implementieren.
Es ergeben sich Grenzen bei der Realisierung maximaler Servokräfte, die bei hohen Achslasten des Oberklassefahrzeugsegments auftreten. Aufgrund der aktuellen Bordnetzauslegung haben bislang elektromechanische Lenkungen im Kleinwagen- und Mittelklassesegment breite Anwendung gefunden, aber auch in der Oberklasse finden solche Lenksysteme bereits erste Anwendungen, siehe u. a. Jablonski *et al.* [Jab-08].

2.3 Realisierungsmöglichkeiten im Nfz

Im Folgenden werden bestehende Ansätze zur Reduktion der Leistungsaufnahme im Pkw-Bereich auf die Anwendbarkeit im Nfz diskutiert. Dazu werden zunächst die Lenksystemanforderungen von dem Pkw und dem schweren Nfz vergleichend gegenübergestellt und existierende Entwicklungstendenzen aufgezeigt. Im Anschluss daran stellt diese Arbeit einen neuen Ansatz vor. Dieser beinhaltet ein verbrauchsreduziertes hybrides Lenksystem mit aktivem Volumenstromverstellmechanismus. Am Ende werden die technischen Ziele dieser Arbeit beschrieben

2.3.1 Lenksystemanforderungen

In Kapitel 2.2 wurde ersichtlich, dass elektromechanische Lenksysteme mit über 90% das größte Potenzial zur Leistungsreduktion und Mehrwertfunktionalität besitzen. Dennoch ist in absehbarer Zeit im schweren Nfz die vollständige Elektrifizierung des Lenksystems aufgrund der hohen Vorderachslast von bis zu 9 t, einer maximalen mechanischen Servounterstützungsleistung von bis zu 7 kW im Rangierbetrieb und einem 24 V-Energiebordnetz nicht zu erwarten. Heutige Leistungsgrenzen von elektromechanischen Lenksystemen im Pkw-Bereich liegen in der Größenordnung von ca. 12000 N Zahnstangenkraft bei einer maximalen Zahnstangengeschwindigkeit von ca. 50 mm/U, was bei einer Lenkradgeschwindigkeit von 540 °/s einer mechanischen Leistungsaufnahme von 900 W entspricht.
Neben der Bereitstellung der notwendigen elektrischen Energie existieren Herausforderungen in Hinblick auf Bauraum und Gewicht. Trotz starker Fortschritte in der Elektromotorenentwicklung in den letzten Jahren verfügt die Hydraulik nach wie vor über ein weitaus geringeres Leistungsgewicht als Elektromotoren.
Ähnlich sieht die Situation bei EHPS-Lenkungen aus, deren Leistungsreduktionspotenzial je nach Zyklus mit ca. 80% attraktiv ist, für deren Einsatz jedoch im schweren Nfz aufgrund der hohen notwendigen elektrischen Leistungen für den Antrieb der LHP in absehbarer Zeit keine breite Anwendung zu erwarten ist.
Im Gegensatz zu elektromechanischen und elektrohydraulischen Lenksystemen lassen sich die Optimierungen der OC-Lenksysteme auf den Nfz-Bereich übertragen und diese sind in absehbarer Zeit im Serieneinsatz zu erwarten. Dabei werden Leistungsreduktionsansätze durch Systemdruckabsenkung mittels ansteuerbarer Bypasspumpen und Rücklaufverlustreduzierung mittels differenzdruckgesteuerter Verstellpumpen (siehe Bosch [Bos-08]) verfolgt. Die technischen Herausforderungen liegen bei der Übertragbarkeit der Technologie vom Pkw- in den Nfz-Bereich, das heißt in der unterschiedlichen Dimensionierung der LHP von 80-120 bar und Systemvolumenströmen von 10-12 l/min im Pkw-Bereich auf Systemdrücke von 150-180 bar und Systemvolumenströme von 16-23 l/min im Nfz-Bereich, siehe Stoll [Sto-92].
Die Reduktionspotenziale sind jedoch nach wie vor bei Übertragung der Technologie auf das Nfz beschränkt. Ebenso wie im Pkw-Bereich kann die Systemvolumenstromreduzierung im Lenksystemkreis bei rein hydraulischen Systemen während der Geradeausfahrt nur bis zu einem gewissen Grad reduziert werden, um die Lenkfähigkeit bei unerwarteten Lenk-

bewegungen sicherzustellen und das Ansprechverhalten der Lenkung komfortabel zu gestalten. Des Weiteren kommt im Nfz hinzu, dass im Nfz die Schwankungsbreite des Drehzahlbereichs im Vergleich zum Pkw-Bereich wesentlich kleiner ist, wodurch die Leistungsreduktionspotenziale insbesondere bei hoher Drehzahl und starker Lenkaktivität prozentual geringer ausfallen dürften als im Pkw. Dieser Trend wird in den Ausführungen von Bosch [Bos-08] bestätigt, wonach mit einer differenzdruckgesteuerten verstellbaren Flügelzellenpumpe im Nfz eine Leistungsreduktion von bis zu 40%, im Pkw-Bereich dagegen von bis zu 50% zu erwarten ist.

Tabelle 2.1 fasst die Ergebnisse nochmals nebst einer Bewertung und einer Angabe zu Literaturquellen zusammen.

Tab.2.1: Vergleichende Bewertung von Lenksystemen; es bedeuten: -- sehr schlecht,- schlecht, o mittel, + gut, ++ sehr gut

		Hydraulische OC-Lenksysteme				Elektromech. Lenksystem
Ausführung		Konventionelle LHP	Ansteuerbare Bypasspumpe (konst. Schluckvolumen)	Ansteuerbare Verstellpumpe (var. Schluckvolumen)	EHPS (konst. Schluckvolumen)	Substitution der Hydraulik durch E-Motor
Prinzip der Einsparung	Systemdruck-absenkung	nein	ja	ja	ja	nein
	Rücklaufverlust-reduzierung	nein	nein	ja	ja	nein
	Anderes phys. Wirkprinzip	nein	nein	nein	nein	ja
Bewertungskriterien	Max. Leistungs-reduktionspotenzial	0%	50%	50%	80%	90%
	Mehrwertfunktionen	o	+	+	+	++
	Bauraum	o	o	-	-	--
	Gewicht	+	+	o	o	--
	Trägheit	+	+	+	+	-
	Thermik	-	o	+	++	++
	Adaptierbarkeit	o	o	o	o	+
	Kosten	+	o	-	--	-
	Realisierbarkeit					
	- Kleinwagen Pkw	+	+	+	+	+
	- Mittelklasse Pkw	+	+	+	+	+
	- Oberklasse Pkw	+	+	+	o	o
	Nfz					
	- leichtes Nfz	+	+	o	o	-
	- schweres Nfz	+	o	+	-	-
Quellen:			Ruc-96 Her-02 Lau-02	Bos-08 Her-02 Kar-07 Mue-05 Tok-97	Alt-96 Mue-05 Wen-07b	Har-06 Bru-08a Ruc-96 Kar-07 Poe-05 Mue-04 Jab-08

Unabhängig von dem Gesichtspunkt der Kraftstoffeinsparung ist im Nfz-Bereich vergleichbar zum Pkw-Bereich ein starker Trend in Richtung Fahrerassistenz zu beobachten, der in Zukunft auch zunehmend die querdynamische Assistenz betreffen wird.

So konnten in Vergangenheit bessere technische Sicherheitsausstattungen (durch Maßnahmen zur Erhöhung der aktiven und passiven Sicherheit) einen Beitrag zur Reduzierung der Getöteten und Schwerverletzten bei Lkw-Unfällen leisten. So nahm im Zeitraum von

1992 bis 2008 bei gleichzeitiger Erhöhung der Transportleistung um 87,9% die Anzahl der Schwerverletzten um 40,2% und die der Getöteten um 46,6% ab, siehe Abbildung 2.5. Um diesen positiven Trend fortzusetzen, lassen sich nach Gwehenberger *et al.* [Gwe-06] mittels einer automatischen Spurkorrektur 7% der Lkw-Unfälle insgesamt und 92% aller Lkw-Unfälle durch Spurabkommen verhindern.

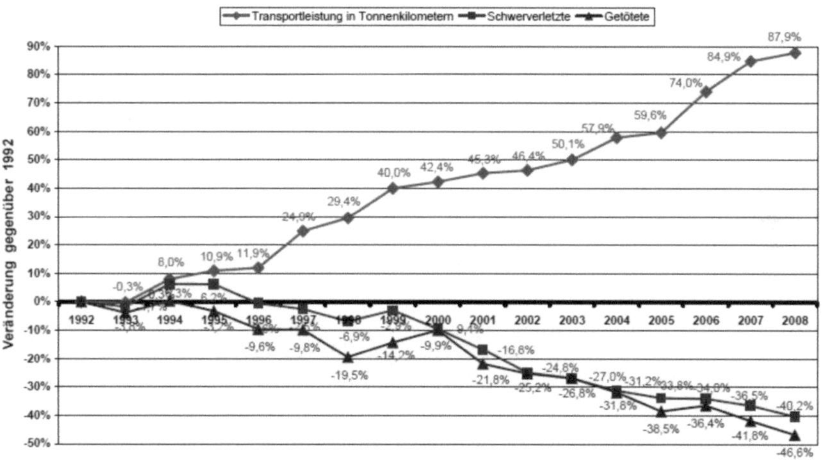

Abb. 2.5: Veränderung der Transportleistung sowie Getötete und Schwerverletzte bei Lkw-Unfällen im Zeitraum von 1992 und 2008 bezogen auf 1992 [BGL-09]

In Tabelle 2.2 sind zusammenfassend Funktionalitäten erwähnt, die im Bereich des schweren Nfz durch eine Querassistenz mittels aktiver Lenkeingriffe einen Beitrag zur Erhöhung der Fahrsicherheit oder des Fahrkomforts leisten.

Tab. 2.2: Funktionalitäten zur Erhöhung der Fahrsicherheit und des Fahrkomforts

Erhöhung der Fahrsicherheit	**Erhöhung des Fahrkomforts**
- Aktiver Spurhalteassistent	- Geschwindigkeitsabh. Lenkkraftunterstützung
- Aktiver Spurwechselassistent	- Aktiver Rücklauf
- Seitenwindkompensation	- Aktiver Rückfahrassistent
- μ-Split-Bremsassistent	
- Ausweichassistent mit Kippvermeidung	
- Bremsenquerziehkompensation	

Mit dem Ziel der Entwicklung einer verbrauchsreduzierten Lenkung unter dem Gesichtspunkt einer möglichst hohen Leistungsreduktion und der Schaffung der Grundvoraussetzung für die Realisierung von Assistenzsystemen werden im Rahmen dieser Arbeit die Leistungsreduktionspotenziale für ein neuartiges hybrides Lenksystem in Verbindung mit einem aktiven Volumenstromverstellmechanismus unterschiedlicher Systemkonfigurationen erstmals detailliert untersucht.

2.3.2 Hybrides Lenksystem

Eine verbrauchreduzierte Lenkung im Nfz mit einem hohen Maß an Leistungsreduktion lässt sich mit der Entwicklung eines hybriden Lenksystems, bestehend aus einem hydraulischen OC-Lenksystem (kurz: hydraulische Lenkhilfe) und einer elektromechanischen Lenkhilfe (kurz: elektrische Lenkhilfe), realisieren. Dabei wird die hydraulische Lenkhilfe über eine vom Verbrennungsmotor angetriebene LHP versorgt. Die elektrische Lenkhilfe wird dagegen von der Lichtmaschine gespeist.
In geeigneten Fahrsituationen, in denen nicht oder nur wenig gelenkt wird, erfolgt eine Reduzierung des hydraulischen Systemvolumenstroms durch die aktive Drosselung mittels des ansteuerbaren Volumenstromverstellmechanismus. In diesem Fall wird die verbleibende Lenkkraftunterstützung rein elektromotorisch bereitgestellt. Im Rahmen dieser Arbeit wird dieser Zustand als elektrisches Lenken verstanden. Lediglich in Fahrsituationen, in denen die geforderte Lenkhilfe größer ist als das maximal mögliche elektromotorische Servomoment, erfolgt die Servounterstützung rein durch die hydraulische Lenkhilfe. Dieser Zustand wird im Rahmen dieser Arbeit als hydraulisches Lenken bezeichnet.

Das hybride Lenksystem mit aktivem Volumenstromverstellmechanismus ist gegenüber einem konventionellen hydraulischen OC-Lenksystem um folgende Komponenten modifiziert oder ergänzt worden.

- *Aktiver Volumenstromverstellmechanismus:* Dieser ermöglicht die aktive Drosselung des Systemvolumenstroms Q_{SYS} während des elektrischen Lenkens. Im Falle des rein hydraulischen Lenkens wird die Drosselung des Systemvolumenstroms aufgehoben. Als Konzeptvarianten für den aktiven Volumenstromverstellmechanismus werden im Rahmen dieser Arbeit die *ansteuerbare Bypasspumpe* (Prototyp vorhanden), die *ansteuerbare Verstellpumpe in Ausführung einer Flügelzellenpumpe* (nutzfahrzeugspezifischer Prototyp seitens Pumpenhersteller in Entwicklung, für OEM noch nicht verfügbar, Systemparameter über Pumpenhersteller jedoch verfügbar) und eine *schaltbare Trennkupplung* (Prototyp nicht vorhanden, Energieverbrauch für Industriekupplungen gleichen übertragbaren Drehmoments bekannt) in der modellbasierten Entwicklung berücksichtigt.

- Das hydraulische OC-Lenkgetriebe wird um einen *momentenüberlagernden elektrischen Lenkungssteller (elektromechanische Lenkung)* ergänzt. Dieser entspricht weitestgehend der Funktionsweise einer elektromechanischen Lenkung. In Abhängigkeit vom anliegenden Lenkmoment, welches über einen integrierten Lenkradmomentensensor erfasst wird, wird die Lenkhilfe während des elektrischen Lenkens in Abhängigkeit vom Momentensensorwert M_{TBT} bereitgestellt. Im Rahmen dieser Arbeit steht solch ein prototypisches Lenksystem mit den geforderten Eigenschaften zu Verfügung.

Abbildung 2.6 zeigt das hybride Lenksystem mit aktivem Volumenstromverstellmechanismus.

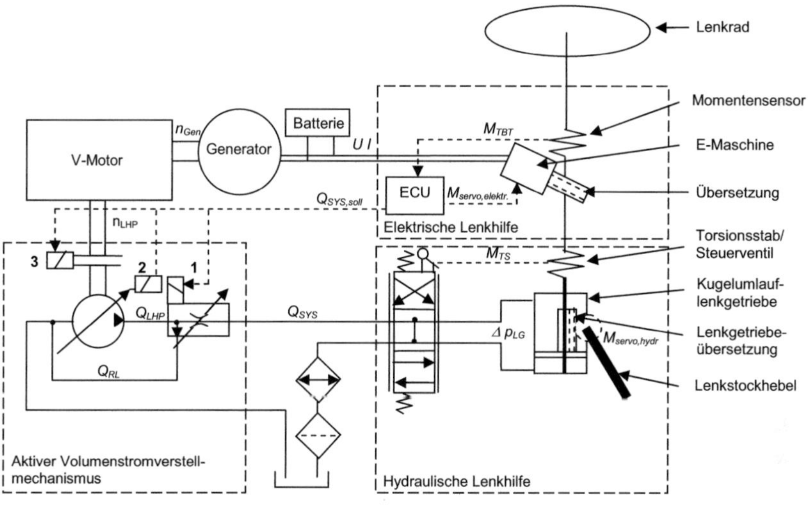

Abb. 2.6: Hybrides Lenksystem mit aktivem Volumenstromverstellmechanismus. Die Nummerierung innerhalb des aktiven Volumenstromverstellmechanismus bezeichnet die unterschiedlichen Konzeptvarianten: 1. ansteuerbare Bypasspumpe, 2. ansteuerbare Verstellpumpe, 3. Trennkupplung

2.4 Technische Zielsetzung dieser Arbeit

Ziel der Arbeit ist der modellbasierte Entwurf einer der jeweiligen Systemkonfiguration angepassten Betriebsstrategie nach dem Gesichtspunkt des minimalen Leistungsbedarfs für ein hybrides Lenksystem mit aktivem Volumenstromverstellmechanismus und einer fundierten Potenzialabschätzung hinsichtlich der Leistungsreduktionspotenziale mittels einer validierten Simulationsmodellumgebung für die unterschiedlichen Systemkonfigurationen.

Die technische Herausforderung bei dem Entwurf der Betriebsstrategie ergibt sich unmittelbar aus der mechatronischen Komplexität des hybriden Lenksystems. Durch die Existenz zweier autark ansteuerbarer Lenksystemunterstützungseinheiten, die miteinander in Interaktion stehen und deren Aufgabe die Bereitstellung einer gemeinsamen Lenkkraftunterstützung ist, ergibt sich ein stark vernetztes elektromechanisch-hydraulisches mechatronisches System. Voraussetzung für das Erstellen einer Betriebslogik ist, dass alle relevanten Einflussparameter identifiziert und deren Einfluss auf die Leistungsbilanz für die Betriebszustände des hybriden Lenksystems quantitativ beschrieben werden. Dabei sind beim Entwurf der Betriebslogik die systemkonfigurationsspezifischen Parameter genauso mit einzubeziehen wie baureihen- und nutzungsprofilspezifische Einflüsse, um eine optimierte Betriebsstrategie mit dem Ziel des minimalen Energieverbrauchs für eine geforderte Servounterstützung abzuleiten.

Für die Potenzialabschätzung bedarf es einer an die Systemumgebung angepassten Simulationsmodellumgebung, um die Leistungsflüsse und die Leistungsreduktionspotenziale der unterschiedlichen Systemkonfigurationen analysieren zu können. Hinzu kommt, dass im weitergehenden Entwicklungsprozess im Sinne einer effizienten Entwicklung der verbrauchsreduzierten Lenkung eine Simulationsmodellumgebung zur Verfügung stehen soll, die einen Großteil an experimentellen Untersuchungen ersetzen soll, um Entwicklungszeit und -kosten zu sparen.

Das folgende Kapitel gibt einen Überblick über den Kenntnisstand der Entwicklungsmethodik von mechatronischen Systemen. Dabei liegt der Fokus auf einer effizienten Entwicklungsvorgehensweise von komplexen mechatronischen Systemen unter Einbeziehung des modellbasierten Funktionsentwurfs und der systematischen Vorgehensweise bei der Simulationsmodellerstellung und deren Validierung.

3. Entwicklungsmethoden in der Mechatronik

Bei der Entwicklung von mechatronischen Systemen trifft aufgrund der Beteiligung unterschiedlicher Fachdisziplinen eine Vielzahl verschiedener Entwicklungsvorgehensweisen aufeinander. Aufgrund der unzureichenden Integrierbarkeit der einzelnen Methoden bei der Entwicklung von mechatronischen Systemen, die eine interdisziplinäre Denkweise voraussetzen, entstanden in der Vergangenheit Bemühungen für die Einführung von Vorgehensweisen, die domäneübergreifend das methodische Entwicklungsvorgehen für mechatronische Systeme vorgeben.

Vorliegendes Kapitel beschreibt ausgehend von der Begriffsbestimmung mechatronischer Systeme und mechatronischer Strukturen das Entwicklungsvorgehen mechatronischer Systeme und die abgrenzenden Merkmale gegenüber domänespezifischen Entwicklungsmethoden. Nach der Vorstellung der gesetzlichen Rahmenbedingungen in der Automobilindustrie für mechatronische Systementwicklungen und der in der Mechatronik etablierten Entwicklungswerkzeuge werden anhand einer Diskussion Problemfelder benannt und daraus Handlungsfelder für einen effizienteren Entwicklungsprozess in der frühen Entwicklungsphase erschlossen.

3.1 Grundstruktur mechatronischer Systeme

Der Ausdruck *Mechatronik*, welcher ein Kunstwort aus den beiden domänespezifischen Fachdisziplinen Mechanik und Elektronik darstellt, wurde von der Firma Yaskawa Elektric [Jap-71], [Jap-72] in den 70er Jahren geprägt.

In der Literatur lassen sich zahlreiche Begriffsbestimmungen für den Begriff *Mechatronik* und *mechatronische Systeme* finden, siehe u. a. in Harashima *et al.* [Har-96], Schweitzer und Isermann [Ise-07]. Eine allgemein akzeptierte Definition der Begriffe Mechatronik und mechatronische Systeme hat sich nach Möhringer [Moe-04] jedoch bis heute nicht durchsetzen können.

Schon Wikander [Wik-98] benennt die Schwierigkeit, den Begriff Mechatronik aufgrund des sich schnell expandierenden Gebietes eindeutig zu definieren und weist auf die Gefahr hin, dass durch die Dogmentreue vieler Akademiker die Entwicklung mechatronischer Systeme durch eine feste Begriffsdefinition beschränkt werden könnte. Einigkeit über den Begriff Mechatronik besteht jedoch bei allen gefundenen Quellen darin, dass es sich bei der Mecha-

tronik um ein interdisziplinäres Fachgebiet handelt, in dem Produktmerkmale realisiert werden können, wie dies durch eine Fachdisziplin alleine nicht möglich ist.
In der VDI-Richtlinie 2206 [VDI-04], die eine Entwicklungsmethode für mechatronische Systeme beschreibt, wird der Begriff Mechatronik durch die Definition von Harashima, Tomizuka und Fukuda [Har-96] aufgegriffen und folgendermaßen übersetzt:

„Mechatronik bezeichnet das synergetische Zusammenwirken der Fachdisziplinen Maschinenbau, Elektrotechnik, Informationstechnik beim Entwurf und der Herstellung industrieller Erzeugnisse sowie bei der Prozessgestaltung“

Daraus folgt, dass sich ein mechatronisches System durch die funktionale und räumliche Integration von Grundsystem, Sensoren, Aktoren und einer Informationsverarbeitung beschreiben lässt. In der Literatur finden sich unterschiedliche Darstellungsformen der Grundstruktur eines mechatronischen Systems, z. B. Wallaschek [Wal-95], Kümmel [Küm-99], Isermann [Ise-07].

In Abbildung 3.1 ist die Grundstruktur eines mechatronischen Systems in Anlehnung an VDI 2206 [VDI-04] dargestellt. Diese besteht aus den Elementen Grundsystem, Sensor(en), Prozessor(en) und Aktor(en). Das Grundsystem, welches eine mechanische, elektromechanische, hydraulische oder pneumatische Grundstruktur oder eine Kombination aus diesen besitzt, steht mit der Umgebung sowie eingangs- als auch ausgangsseitig auf Energie- und Stoffflussebene gemäß Pahl *et al.* [Pah-97] in Interaktion. Wichtige Zustandsgrößen des Grundsystems, die nach Föllinger [Föl-94] physikalische Größen darstellen und den Ablauf des Systems zu einem beliebigen Zeitpunkt t für $t>t_0$ eindeutig bestimmen, werden durch Sensoren bestimmt und an die Informationsstromebene weitergeleitet.
Nach einem in der Informationsverarbeitung laufenden Algorithmus werden in Abhängigkeit von den Sensorsignalen erforderliche Stellgrößen für die Aktoren berechnet. Die Aktoren wiederum wirken auf das Grundsystem und können den Zustand des Grundsystems aktiv beeinflussen.

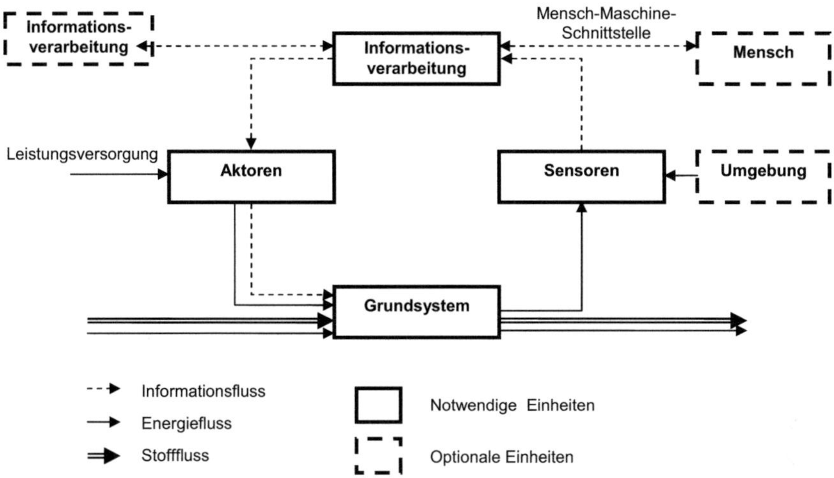

Abb. 3.1 Grundstruktur mechatronischer Systeme in Anlehnung an VDI 2206 [VDI-04]

3.2 Vorgehensmodelle

In der Literatur lassen sich zahlreiche methodische Ansätze für die interdisziplinäre Entwicklungsvorgehensweise von mechatronischen Systemen finden, die jedoch nach Möhringer [Möh-05] vorwiegend vom domänespezifischen Phasenmodell des Maschinenbaus nach VDI 2221 [VDI-93] und VDI 2222 [VDI97] einerseits sowie dem V-Modell des Software-Entwicklungsprozesses andererseits geprägt und abgeleitet sind.
Vorliegender Abschnitt soll daher zunächst die beiden domänespezifischen Vorgehensmodelle vorstellen und charakterisieren. Im Anschluss daran werden zwei ausgewählte mechatronische Entwicklungsmethodiken vorgestellt und miteinander verglichen.

3.2.1 Domänenspezifische Entwicklungsmethoden

Im Maschinenbau, in dem mechanische Systeme eine dominierende Rolle spielen, wurden in der Vergangenheit unterschiedliche Konstruktionsmethodiken von u. a. Roth [Rot-94], Koller [Kol-94], Rodenacker [Rod-91], Hansen [Han-74], Müller [Mül-90], Pahl und Beitz [Pah-97] erarbeitet, wobei diese ähnliche Vorgehensmodelle, die sich nach Kümmel [Küm-99] vorwiegend durch die verwendeten Begriffe und Bezeichnungen unterscheiden, enthalten. Durch die Richtlinienarbeit von VDI 2221 [VDI-93] und VDI 2222 [VDI-97] wurden die methodischen Ansätze zu einem übergreifenden und von den meisten Konstruktionsmethodikern anerkannten Vorgehensplan (siehe Abb. 3.2) zusammengeführt.

Der Vorgehensplan stellt einen Phasenplan dar, der aus vier übergeordneten Hauptphasen, dem Planen, dem Konzipieren, dem Entwerfen und dem Ausarbeiten besteht.

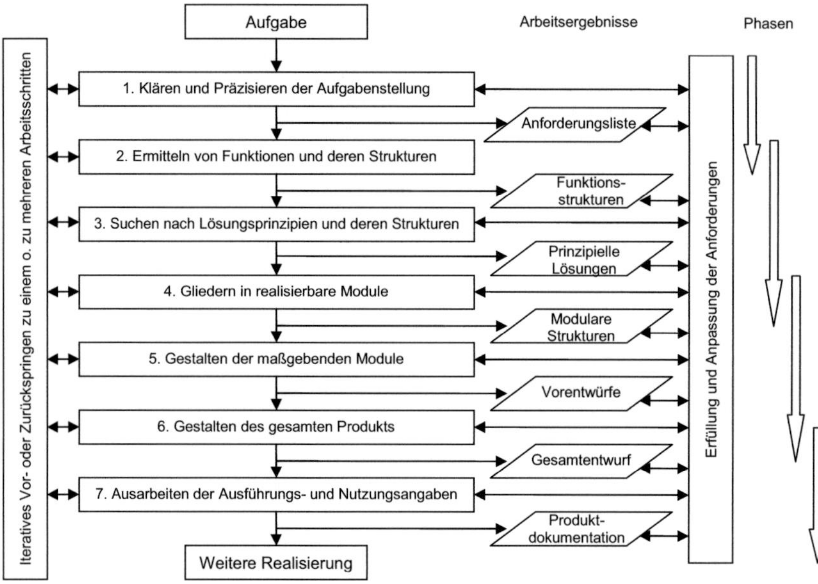

Abb. 3.2: Generelles Vorgehen beim Entwickeln und Konstruieren gemäß VDI 2221 [VDI-93]

Wie aus dem Phasenplan zu ersehen ist, erfolgt im ersten Schritt das Klären und Präzisieren der Aufgabenstellung, deren Hauptarbeitsergebnis die Erstellung einer Anforderungsliste ist. Die Anforderungsliste stellt ein begleitendes Dokument während des Entwicklungsprozesses dar und enthält alle an das zu entwickelnde Produkt gerichteten Wünsche und Anforderungen. Eine iterative Konkretisierung und Aktualisierung der Anforderungsliste ist während des Entwicklungsprozesses vorzunehmen.

Aus den Anforderungen werden im 2. Arbeitsschritt die Funktionen und deren Strukturen auf lösungsneutraler Ebene ermittelt, wobei ausgehend von der Beschreibung der Gesamtfunktion die Teilfunktionen unter Benennung der Energie-, Stoff-, und Informationsflüsse ermittelt werden.

Aus der in Arbeitsschritt 2 gewonnenen Funktionsstruktur werden im Arbeitsschritt 3 Lösungsprinzipien und deren Strukturen gesucht, woraus sich prinzipielle Lösungen ergeben, die physikalische Effekte enthalten und durch mathematische Gleichungen, Prinzipskizzen und Schaltbilder beschrieben werden.
In den Arbeitsschritten 5 und 6 erfolgt eine gestufte Konkretisierung der in Abschnitt 4 gefundenen prinzipiellen Lösungen, wobei die Arbeitsschritte beide auf rein gestalterischer Ebene stattfinden. Nach gestalterischen Vorentwürfen im 5. Arbeitsschritt folgt als Arbeitsergebnis des 6. Arbeitsschrittes der Gesamtentwurf in Form von maßstäblichen Zeichnungen. Der letzte Arbeitsschritt 7 ist durch die Erstellung der Produktdokumentation mit den Nutzungsangaben charakterisiert.

Das Vorgehensmodell des Maschinenbaus aus Abbildung 3.2 stellt einen theoretisch sehr weit entwickelten Leitfaden dar. Huang [Hua-02] weist dabei auf die Schwäche hin, dass zwar das Vorgehensmodell darauf eingeht, was nach jeder Phase geliefert werden soll, aber es nicht konkret aussagt, wie dieses Ziel zu erreichen ist. Des Weiteren wird in der Vorgehensweise nicht die Möglichkeit der durchgängigen Rechnerunterstützung berücksichtigt, die es gestattet, Vorausberechnungen hinsichtlich des statischen, kinematischen und dynamischen Verhaltens des Systems mittels Modellbildung und Simulation durchzuführen, wodurch eine Anwendung für mechatronische Systeme nicht ohne Weiteres möglich ist. Lückel und Wallaschek [Lüc-97] weisen darauf hin, dass sich die Methodik zwar für Neuentwicklungen eignet und die frühen Phasen betont, jedoch die mechatronische Entwicklung in der Praxis vorwiegend von Anpassungs- und Änderungskonstruktionen geprägt wird. Auch die bei mechatronischen Entwicklungen erforderliche Systemidentifikation und -erprobung an geeigneten Prototypen wird in der Richtlinie nicht genügend berücksichtigt. Ein weiterer Nachteil besteht darin, dass die funktionalen und dynamischen Aspekte im Entwicklungsprozess nicht durchgängig berücksichtigt werden, da ab der Entwurfsphase die Methode beinahe ausschließlich gestaltsorientiert betont ist. Kümmel [Kue-99] bemängelt die zu stark produktbezogene Ausrichtung der Methode, die zu wenig das Zusammenwirken der am Entwicklungsprozess beteiligten Personen berücksichtigt, was einen ganz zentralen Erfolgsfaktor für die Entwicklung von mechatronischen Systemen hinsichtlich der Produktqualität, aber auch hinsichtlich der effizienten Entwicklungsvorgehensweise darstellt.

In der Softwareentwicklung liegen im Gegensatz zum Maschinenbau zahlreiche strukturell unterschiedliche Phasenmodelle, siehe u. a. in Balzert [Bal-98], vor, deren Entwicklung in den 70er Jahren begonnen hat. Darunter fallen u. a. das Wasserfallmodell nach Boehm [Boe-76], das Spiralmodell nach Boehm [Boe-88], das Phasen-/Tätigkeitsmodell nach Metzger [Met-73], das Phasenmodell nach Kimm *et al.* [Kim-79], sowie das V-Modell nach

Boehm oder der Rational Unified Process (RUP), siehe u. a. in Versteegen [Ver-00] und Kruchten [Kru-99].

Das V-Modell in Abbildung 3.3 hat sich als etabliertes Produktlebenszyklusmodell bei der Softwareentwicklung etabliert und wird im Folgenden näher beschrieben.

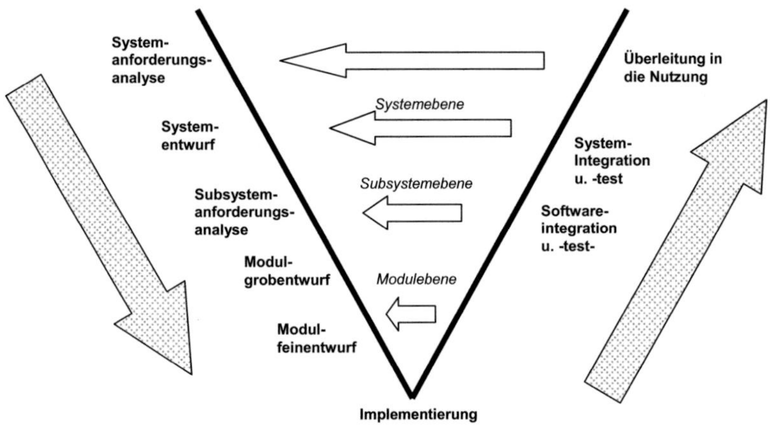

Abb. 3.3: V-Modell für die Softwareentwicklung

Das V-Modell, welches ursprünglich 1986 für das deutsche Verteidigungsministerium entwickelt wurde und seit 1992 fester Bestandteil des Standardisierungskonzepts ist, hat sich durch die Aufnahme in die ISO 9001 [ISO-00] etabliert.

Der Pfeil links stellt den Top-down-Prozess des Softwareentwurfs dar. Ausgehend von der Systemanforderungsanalyse wird ein Systementwurf erstellt und es werden Subsysteme gebildet und deren Anforderungen analysiert. Anschließend erfolgt in den einzelnen Schritten ein Modulgrob- und -feinentwurf der Subsysteme. Die eigentliche Umsetzung und Softwareerstellung erfolgt im Schritt der Implementierung. Der Bottom-up-Prozess (Pfeil rechts) ist durch die Software- und Systemintegration und den systematischen Test geprägt, woraufhin die Überleitung der Software in die Nutzung erfolgt.

Das V-Modell stellt gegenüber dem mechanischen Vorgehensmodell (aus Abbildung 3.2) eine allgemein übertragbare Hierarchiebildung dar, wodurch es ermöglicht wird, eine Software Top-down zu entwickeln und Bottom-up zu implementieren, zu testen und zu integrieren. Das V-Modell gibt im Vergleich zum mechanischen Modell ebenfalls vor, was im Verlauf der Systementwicklung zu tun ist und welche Ergebnisse zu erarbeiten sind. Die wesentlichen Unterschiede zum Vorgehensmodell der Mechanik benennt Moehringer [Moe-04]: Im Gegensatz zu dem mechanischen Vorgehensmodell gibt das V-Modell eine hierarchische Vorgehensweise über die einzelnen Ebenen, wie der System-, der Software-Hardware-Einheitssubsystem-, der Komponenten- und Modulebene vor. Ein weiterer zentraler Unterschied besteht in der Möglichkeit, den Aktivitäten des V-Modells Methoden, Werkzeuge und Zustände zuzuordnen, was besonders für mechatronische Entwicklungen von Vorteil ist. So können beispielsweise Modellierungs- und Simulationsaktivitäten sowie Verifikations- und Validierungsaktivitäten oder ein integriertes Sicherheits- und Fehlermanagement, was durch die ISO 26262 WD vorgeschrieben wird (siehe Kap. 3.2.3), im V-Prozess berücksichtigt werden. Aufgrund der festen Vorgabe der Strategie sowie durch die prinzipielle Möglichkeit der Integrierbarkeit von Mechanismen der Mikroebene, die Aktivitäten und operative Handlungsanweisungen für den Entwickler vorgeben, wird eine Übertragbarkeit des V-Modells in die Mechatronik ermöglicht.

3.2.2 Mechatronische Vorgehensmodelle

Interdisziplinäre Vorgehensmodelle für die Mechatronik wurden ab den 70er Jahren von verschiedenen Methodikern entwickelt. Tabelle 3.1 gibt einen Überblick über einige domäneübergreifende Ansätze neben der Angabe von Besonderheiten hinsichtlich des Entwicklungsprozesses.

Tab. 3.1: Übersicht ausgewählter domäneübergreifender Vorgehensmodelle

Modell	Charakteristika	Besonderheiten	Quelle
Albers Integrierte Produktentstehung – Management Modell (IPEMM)	Meta-Prozess zweidimensionale Bearbeitung des Prozesses im Handlungssystem - im Makroprozess entlang Produktentstehungsprozess - im Mikroprozess entlang des Problemlösungsprozess SPALTEN	Entwicklungsprozesse flexibel anwendbar auf beliebige Systeme	[Alb-02] [Alb-07]
VDI/VDE 2422 Entwicklungsmethodik für Geräte mit Steuerungen durch Mikroelektronik	5-Phasenmodell 1. Aufgabenstellung 2. Domäneübergreifendes Gerätekonzept 3. Domänespez. Entwurf 4. Domänespez. Ausarbeitung 5. Erprobung	Nachteil besteht in der parallelen aber getrennten domänespez. Ausarbeitung in den einzelnen Fachdisziplinen	[VDI-94]
Buur und Andreasen	3-Ebenenmodell 1. Problemlösungsprozess (Mikro-Logik) 2. Synthese des techn. Systems (Makro-Logik) 3. Produktentwicklung	Funktionsbeschreibung mechatr. Systeme mittels: 1. Zustandsbeschreibung 2. Übertragungsfunktionen 3. Zweckfunktionsstruktur 4. Aktiver Zweckfunktionen	[Buu-90]
Chang und Leung	Anwendung des Spiralmodells auf mechatr. Fragestellungen		[Cha-96]

EU-MECH	Anpassung des V-Modells an mechatronische Fragestellungen als 7-Phasenmodell 1. Produktfindung 2. Produktkonzipierung 3. Produktentwurf 4. Produktausarbeitung 5. Fertigungsplanung 6. Fertigung 7. Nutzung	Anstatt hierarchiegebundener Ebenen erfolgt eine Gliederung nach Produkt-entstehungsphasen; dabei liegt ein starker Fokus auf Modellbildung und Simulation während Phase 2-4 zur Gewährleistung eines effizienten Entwicklungsprozesses und der Qualitätsabsicherung.	[Gau-00]
Isermann	12-Phasenmodell 1. Erste Grundkonstruktion 2. Erste Aufteilung der Grundkonstruktion 3. Sensorik, Aktorik, Hilfsenergie 4. Grundfunktionen d. Informationsverarbeitung 5. Mensch-Maschine-Schnittstelle 6. Hardware-Architektur 7. Software 8. Funktionelle Integration von Prozess und Elektronik durch Informationsverarbeitung 9. Vereinfachung d. Grundkonstr. 10. Maßnahmen zur Erhöhung der Zuverlässigkeit und Sicherheit 11. Verwendung von Werkzeugen 12. Experimentelle Verifikation	Fokus liegt auf Verbesserung bereits bekannter Lösungen. - In Phase 11 wird durch Einsatz von geeigneten Werkzeugen, wie beispielsweise Modellbildung, Simulation und HIL-Funktionalitäten, die Funktion abgestimmt und optimiert.	[Ise-07]
Kallenbach	Phasenmodell in Anlehnung an VDI 2221 unter Berücksichtigung mechatr. Anforderungen	Frühe Einschränkung des Lösungsraums durch Präzisieren der Aufgabenstellung Zentraler Aspekt ist der Funktionsstruktur-übergang: Der Fokus liegt auf der Beschreibung jeder Teilfunktion durch Funktionsstrukturen auf Basis einer Wissensdatenbank und Zuordnung einer optimalen Lösung, um Entwurfanzahl klein zu halten	[Kal-97]
Lippold	Sechstufiges Partitionierungs-schema auf 3 Ebenen: - Funktionsebene - Wirkebene - Verhaltensebene	Der Schwerpunkt liegt auf Konzeptionsphase und einer systematischen Partitionierung	[Lip-01]
Lückel, Hahn Wittler	Objekt-orientierter mechatr. Entwurf bestehend aus 4 Teilprozessen anhand von „Use Cases" 1. Entwurf 2. Gestaltgebung 3. Test 4. Komponentenentwicklung	Ziel ist der Aufbau eines detaillierten physikalisch topologischen Gesamtmodells Modellierungsprozess besteht aus drei Teilprozessen: 1. Kinematik 2. Dynamik 3. Mechatronische Funktion	[Lüc-00]
VDI-2206	Adaption des V-Modells aus dem Softwareentwicklungsprozess	V-Modell: Makro-Ebene Mikro-Ebene Vordefinierte Prozessbausteine für Modellbildung und Simulation	[VDI-04]

Im Folgenden wird das Vorgehen von VDI 2206 als allgemeiner Leitfaden für die Entwicklung mechatronischer Systeme genauer dargestellt. Des Weiteren wird die Unterstützungsleistung dieser Richtlinie hinsichtlich des modellbasierten Systementwurfs und der Erstellung einer geeigneten Simulationsumgebung vorgestellt.

Die VDI 2206-Richtlinie stützt sich auf drei Elemente, dem V-Modell auf Makro-Logik, dem allgemeinen Problemlösungszyklus auf Mikrologik und vordefinierten Prozessbausteinen zur Bearbeitung wiederkehrender Arbeitsschritte.

Das V-Modell als Vorgehensweise der Makrologik ist nach Abbildung 3.4 an die mechatronischen Anforderungen angepasst.

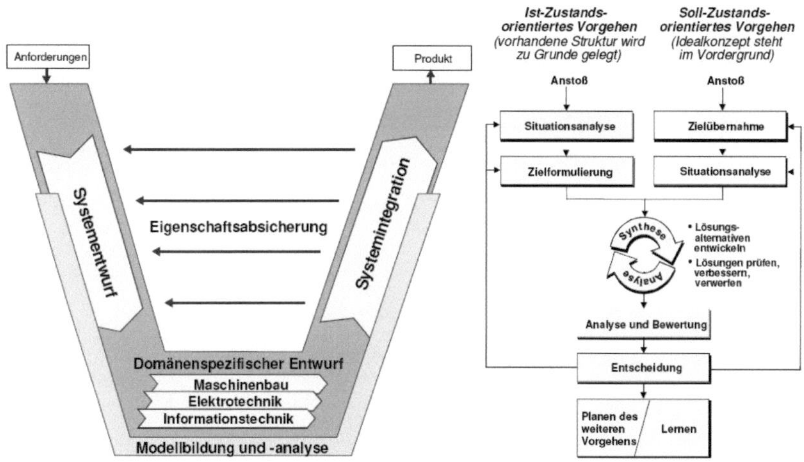

Abb. 3.4: links: Das V als Makrozyklus im mechatronischen Entwicklungsprozess (Makro-Logik), rechts: allgemeiner Problemlösungszyklus (Mikro-Logik) [VDI-04]

Der V-Prozess enthält dabei vier Hauptphasen: Systementwurf, domänespezifischer Entwurf, Systemintegration und Eigenschaftsabsicherung.

Den Ausgangspunkt einer mechatronischen Entwicklung stellt ein konkreter Entwicklungsauftrag dar, dessen Anforderungen präzise beschrieben sind und als Maßstab zur Bewertung des entstehenden Produkts dienen. Im Systementwurf wird ein domäneübergreifendes Lösungskonzept erstellt, indem die Gesamtfunktion des zu entwickelnden Systems in Teilfunktionen zerlegt wird und nach geeigneten Lösungsprinzipien für die einzelnen Teilfunktionen gesucht wird. Dies erfolgt durch die Definition geeigneter Wirkprinzipien und Lösungselemente, die durch Problemlösungszyklen in der Mikro-Logik gefunden werden. Die Überprüfung der Teilfunktionen im funktionalen Gesamtzusammenhang ergibt eine Prinziplösung des gesamtheitlichen mechatronischen Systems. Diese Prinziplösung stellt die Grundlage für die Abarbeitung der einzelnen Teilaufgaben in den einzelnen Domänen dar. Nach dem Entwurf der domänespezifischen Teilsysteme unter Anwendung der jeweiligen domänespezifischen Vorgehensmethoden erfolgt die Systemintegration zum Gesamtsystem, woraufhin das Zusammenwirken der Einzelfunktionen auf

den einzelnen hierarchisch strukturierten Ebenen, auf Modul-, System- und Funktionsebene, im Rahmen der Eigenschaftsabsicherung auf Funktionserfüllung getestet wird.
Der V-Prozess lässt während der mechatronischen Entwicklung eine flexible Anpassung zu. So können beispielsweise bei Bedarf die Hauptphasen je nach Entwicklung verfeinert werden. Auch mit der Dimensionierung des Reifegrades kann der V-Prozess situationsspezifisch angepasst werden. Abbildung 3.5 stellt beispielsweise den iterativen Durchlauf des V-Prozesses dar.

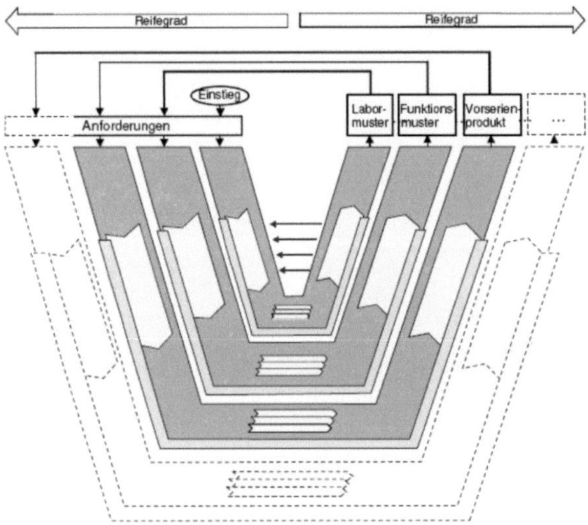

Abb. 3.5: Iteratives Durchlaufen des Makro-V-Zyklus während unterschiedlicher Reifegrade nach VDI 2206 [VDI-04]

Begleitet wird das mechatronische Vorgehensmodell der VDI 2206 von der Modellbildung und -analyse. Die VDI-2206 Modellbildung und -analyse stellt ein Werkzeug für die Absicherung der Systemeigenschaften dar. Abbildung 3.6 zeigt den vordefinierten 5-phasigen Prozessbaustein für den modellbasierten Funktionsentwurf und die Erstellung einer geeigneten Simulationsumgebung.

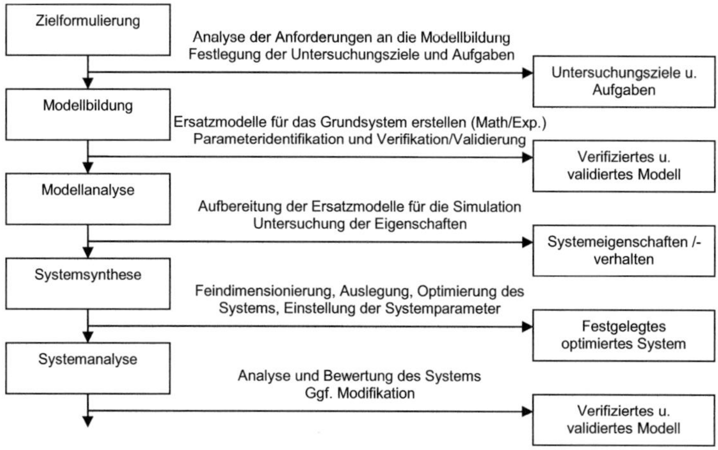

Abb. 3.6: Vorgehen bei dem modellbasierten Funktionsentwurf gemäß VDI 2206 [VDI-04]

Im ersten Schritt sind mit dem Ziel der Auswahl einer geeigneten Modellbildungsmethode die Untersuchungsziele und -aufgaben zu definieren. Im zweiten Schritt steht die Modellbildung im Fokus. Dazu wird in VDI 2206 im Rahmen einer Modellbildungsstrategie ein allgemeiner Lösungsweg, ausgehend von der Erstellung eines topographischen, über ein physikalisches mathematisches Modells bis hin zu einem numerischen Modell aufgezeigt, welches im Anschluss zu verifizieren bzw. zu validieren ist. Im dritten Schritt folgt die Modellanalyse, welche durch die Aufbereitung der Ersatzmodelle für die Simulation und durch die Untersuchung der Systemeigenschaften charakterisiert ist, wobei die Analyse sowohl auf den Ist-Zustand als auch auf den Sollzustand gerichtet sein kann. Der vierte Schritt besteht in der Systemsynthese, in der das System feindimensioniert und optimiert wird. Der letzte Schritt beinhaltet die Systemanalyse und die endgültige Bewertung des Systems.

3.3 Entwicklungsvorgehensweise und Werkzeuge in der Automobilindustrie

3.3.1 Vorgehensmodell

In der automotiven industriellen Praxis orientiert sich das mechatronische Entwicklungsvorgehen auf Makro-Logik weitestgehend an dem V-Modell. Dabei findet meist eine hierarchische Unterteilung des Entwicklungsprozesses in die Funktions-, System- und Komponentenebene statt. Während der Entwicklung wird der V-Prozess iterativ durchlaufen, wobei in der frühen Entwicklungsphase ein Schwerpunkt auf den absteigenden Ast gesetzt wird und mit Voranschreiten der Entwicklung auf den aufsteigenden Ast, siehe Abel *et al.* [Abe-06].

Besonderheiten ergeben sich für mechatronische Funktionen in der Automobilindustrie durch die entwicklungsbegleitende Norm für funktionale Sicherheit ISO 26262 und den Einfluss der spezifischen Entwicklungswerkzeuge. Auf die begleitende Entwicklungsnorm und die automobilspezifischen Entwicklungswerkzeuge wird in den folgenden Teilkapiteln näher eingegangen.

3.3.2 Entwicklungsnorm für funktionale Sicherheit

Als Ergänzung zum bestehenden mechatronischen Entwicklungsprozess ist für sicherheitsrelevante mechatronische Funktionen die ISO 61508 [IEC-98] verbindlich. Dort werden sicherheitsrelevante Anforderungen hinsichtlich Risiko und Gefahrenpotenzial bis auf Modulebene beschrieben.

Für zukünftige sicherheitsrelevante mechatronische Entwicklungen in der Automobilindustrie wird nach [VDA-08] ab 2010 die automobilspezifische Sicherheitsnorm ISO WD 26262 [ISO-08], die die branchenunabhängige IEC 61508 [IEC-98] ersetzen wird, verbindlich eingeführt, siehe u. a. in Lovric [Lov-06].

Aus der Sicherheitsnorm resultieren in der frühen Entwicklungsphase Anforderungen, die eine Gefahren- und Risikoanalyse (Preliminary Hazard Analysis) beinhalten und den weiteren Entwicklungsprozess maßgeblich bestimmen. Die Gefahren- und Risikoanalyse besteht aus folgenden drei Schritten:

1. In der *Situationsanalyse und Gefährdungsidentifikation* werden anhand eines Drive-Case Katalogs (charakteristische Fahrsituationen) potenzielle Fehlfunktionen des Systems betrachtet und für jeden einzelnen Drive-Case wird ermittelt, ob die zu entwickelnde Funktion zu einer Gefährdung führen kann.

2. Danach erfolgt *die Klassifikation der Gefährdungen* nach den Kriterien der *Schwere des Ereignisses* („Severity"), der *Wahrscheinlichkeit*, dass der Fahrer oder eine andere Person sich in der Gefährdungszone befindet („Probability of Exposure") und der Möglichkeit für die der Gefährdung ausgesetzten Personen, im Fall des Auftretens der Gefährdung, einen Unfall oder einen Schaden zu vermeiden (*Beherrschbarkeit*, „Controllability").

3. Im letzten Schritt erfolgt die *Sicherheitszielbestimmung* der zu entwickelnden Funktion, die den erforderlichen Grad des Vertrauens, mit dem das System seine spezifizierten Sicherheitsfunktionen einhält, durch Zuordnung eines „ASIL" (Automobilbezogenes Sicherheits-Integritäts-Level) zu jeder Gefährdung festgelegt.

Aus den Ergebnissen der Gefahrenanalyse lassen sich im Rahmen des funktionalen Sicherheitskonzepts für den weiteren Entwicklungsprozess die Maßnahmen zur Erfüllung der Sicherheitsziele und die Sicherheitsanforderungen ableiten. Das technische Sicherheitskonzept beschäftigt sich hingegen mit der hardwaretechnischen Umsetzung der Sicherheitsziele und -anforderungen, die sich aus dem funktionalen Sicherheitskonzept ergeben.

3.3.3 Entwicklungswerkzeuge

Die Entwicklung von mechatronischen Systemen in der Automobilindustrie ist u.a. durch den Einsatz von *Simulationswerkzeugen* und von *experimentellen Prüfeinrichtungen,* zum Beispiel Prüfständen und Erprobungsträgern, geprägt. Während in der Vergangenheit die Modellbildung und Simulation vorwiegend den Entwicklungsprozess in den frühen Phasen bei der Innovationsbewertung und Grunddimensionierung unterstützte und weitest gehend autark von den experimentellen Untersuchungen stattfand, nimmt die Bedeutung von Modellbildung und Simulation unter starker Einbeziehung des Experiments als entwicklungsbegleitendes Werkzeug bis hin zu den späten Phasen stetig zu. Die Ursachen dafür liegen in wachsenden Ansprüchen der Kunden, der daraus resultierenden Zunahme der Funktionskomplexität, insbesondere durch den Einsatz von Elektronik, bei gleichzeitiger Erhöhung der Effizienz und Effektivität in der Produktentwicklung.

In diesem Zusammenhang wurden leistungsfähige Entwicklungswerkzeuge in Form einer durchgängigen Werkzeugkette geschaffen, die einen *integrierten Entwicklungsprozess* mittels eines *Rapid-Control-Prototyping-Systems* (RCP) erlauben. RCP bedeutet, den Entwurf und die Realisierung eines mechatronischen Systems zusammenzubringen und unter Einsatz sehr leistungsfähiger Hardware und einer entsprechenden Softwareumgebung einen geschlossenen Entwicklungsprozess zu generieren. Entwurfsschritte beim RCP beinhalten nach Abel *et al.* [Abe-06] die mathematisch-physikalische Beschreibung des zu entwickelnden mechatronischen Systems, die Modellierung von Betriebsstrategien sowie die Erprobung des Systems innerhalb einer geeigneten Simulationsumgebung und im realen System. Für die Modellbildung und Erstellung der Simulationsumgebung unterstützen leistungsfähige Programme, wie beispielsweise Matlab/Simulink [www-31], den Entwickler. Das RCP-System leistet die codegenerierte Umsetzung des modellbasierten Funktionsentwurfs in ein prototypisches Steuergerät für Modellverifikation und -validierung, Funktionstest und Optimierung. Als etabliertes RCP-System ist die Microautobox (MABx) von dspace [www-34] zu erwähnen.

Abbildung 3.7 stellt die Interaktionen von modellbasiertem Funktionsentwurf, Simulationsumgebung und experimenteller Versuchsumgebung dar. Der modellbasierte Funktionsentwurf wird in die Simulationsumgebung integriert und auf seine Eigenschaften (z. B. Systemperformance) untersucht, wobei die Ergebnisse wiederum in den modellbasierten Funktionsentwurf einfließen. Parallel dazu lässt sich der Funktionsentwurf in der experimentellen Versuchsumgebung über das RCP integrieren und testen, wobei auch hier die Ergebnisse der Verbesserung des Funktionsentwurfs dienen. Neben dem Test der Betriebsstrategien ermöglicht die experimentelle Versuchsumgebung die Validierung der Simulationsumgebung.

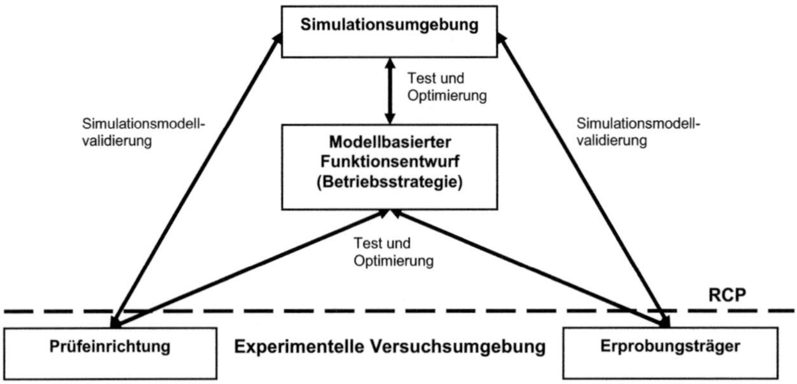

Abb. 3.7: Interaktion zwischen modellbasiertem Funktionsentwurf, Simulationsmodell und experimenteller Versuchsumgebung

Für die Erstellung von *Simulationsmodellen* (Modellbildung) kommen entsprechend VDI 2206 die theoretische und experimentelle Modellbildung zum Einsatz. Bei der theoretischen Modellbildung werden die Zusammenhänge zwischen Ein- und Ausgangsgrößen durch mathematisch-physikalische Gesetze beschrieben, wobei diese durch Bilanz-, konstitutive, phänomenologische, Entropiebilanz- und Schaltungsgleichungen beschrieben werden können, siehe u. a. in Isermann [Ise-07]. Bei der experimentellen Modellbildung werden dagegen durch Messungen der Ein- und Ausgangssignale und Auswertung des Übertragungsverhaltens die Zusammenhänge durch Identifikationsverfahren ermittelt. Eine Mischform von theoretischen und experimentellen Modellen stellen sogenannte hybride Modelle dar.

Für das Vorgehen bei der Wahl des Modellierungsumfangs, der Modellierungsart und des Detaillierungsgrads lassen sich in Veröffentlichungen und Lehrbüchern vorwiegend allgemeingültige Aussagen finden. In Bertram *et al.* [Ber-01] sind die wesentlichen Anforderungen zusammenfassend wie folgt dargestellt:

- Die Modellelemente müssen klar definiert, eindeutig beschreibbar und in sich widerspruchsfrei sein.
- Die Folgerungen über das Verhalten, die aus der Verknüpfung der Modellelemente gezogen werden können, müssen im Rahmen des Modellzwecks dem realen Verhalten entsprechen.
- Die auftretenden Systemparameter sollen zugänglich sein und am realen System in ausreichender Genauigkeit ermittelt werden können.
- Das Modell sollte möglichst modular aufgebaut sein, sodass Änderungen an einer Stelle erfolgen können, ohne dass das gesamte Modell neu erstellt werden muss.
- Gibt es verschiedene Möglichkeiten zur Darstellung des Systems, dann ist die einfachere Beschreibung zu wählen.

Simulationswerkzeuge besitzen gegenüber Prüfstandsversuchen und Untersuchungen mit einem Erprobungsträger Stärken und Grenzen, die unter anderem in Deuschle [Deu-06] detailliert beschrieben sind und nachfolgend kurz zusammengefasst werden sollen.

Die Stärken der Simulation sind folgendermaßen charakterisiert:

- Simulationsmodelle besitzen ein hohes Maß an Transparenz und erlauben, Größen zu visualisieren, die im Versuch nicht oder nur mit einem sehr hohen Aufwand zu erfassen sind.
- Ein weiterer Vorteil besteht in der Austauschbarkeit von Simulationsmodellen bei Variantenuntersuchungen, die insbesondere in der frühen Entwicklungsphase im Rahmen der Innovationsbewertung eine zentrale Bedeutung besitzen.
- Durch die Variation von Parametern kann das Einflussverhalten jedes einzelnen Parameters auf das Subsystem oder Gesamtsystem quantitativ beschrieben werden. Dadurch ist es möglich, die Wechselwirkungen zu beschreiben und Optimierungspotenziale zu einem Zeitpunkt zu identifizieren, zu dem noch keine Prototypen existieren.
- Simulationsmodelle erlauben die systematische Optimierung von Systemen, die durch empirische experimentelle Versuche nur mit sehr hohem Aufwand oder aufgrund fehlender Prüfbedingungen oder Teileverfügbarkeit gar nicht realisiert werden können.

Demgegenüber sind Simulationsuntersuchungen folgende Grenzen gesetzt:

- Simulationswerkzeuge erlauben keine *subjektive Bewertung* des Fahrverhaltens, was insbesondere bei mechatronischen Entwicklungen in der Automobilindustrie bereits in den frühen Entwicklungsphasen aufgrund der starken Fahrer-Fahrzeug-Interaktion einen Erprobungsträger in der Regel unersetzlich machen.

- Die Güte der Simulationsergebnisse ist unmittelbar vom gewählten *Detaillierungsgrad und der Parametervalidierung* abhängig und steht permanent im Zielkonflikt zwischen der einfachen Modellierung einerseits und der geforderten Modellierungsgüte andererseits. Für die Bewertung der Ergebnisqualität bedarf es einer detaillierten Modellvalidierung.

Experimentelle Untersuchungen

Neben den Simulationswerkzeugen stehen dem Entwickler in der Automobilindustrie experimentelle Prüfeinrichtungen sowie Erprobungsträger zu Verfügung. Das Maß der experimentellen Untersuchung hängt von der Prüfaufgabe ab, ebenso die Wahl zwischen Prüfstandsversuchen und Versuchsfahrten.

Experimentelle Untersuchungen in einer experimentellen Prüfumgebung dienen dem Test von einzelnen Systemkomponenten (z. B. Nebenaggregateprüfstand) bis hin zum Test des Gesamtsystems (Gesamtfahrzeugprüfstand) unter reproduzierbaren Bedingungen. Bei der Entwicklung von mechatronischen Systemen haben sich als experimentelle Prüfeinrichtungen „Hardware in the Loop"-Prüfvorrichtungen als Stand der Technik etabliert, bei denen reale Bauteile (Komponente, Prototypen,) in einer definierten Simulationsumgebung (Teil-, Gesamtfahrzeug und dessen Umwelt) getestet werden können. Dabei können nach Schyr und Christ [Sch-06] einerseits stationäre und transiente Betriebszustände und andererseits dynamische Untersuchungen zur Durchführung von simulierten Fahrten bis hin zu vollautomatischen Optimierungsverfahren zur Bedatung der Steuergeräte des Prüflings am Prüfstand durchgeführt werden und im Anschluss das Verhalten des Prüflings analysiert und bewertet werden. Die Stärken und Grenzen lassen sich folgendermaßen zusammenfassen:

- Durch die Integration von realen Komponenten in eine Prüfstandsumgebung bei gleichzeitiger Simulation von Umgebungsbedingungen kann mit geringem Aufwand eine hohe Prüftiefe und Aussagekraft geschaffen werden. Bei der Automatisierung von Prüfstandtests konnte laut Miquet et al. [Miq-07] in der industriellen Praxis eine Zeitersparnis um mehr als eine Größenordnung bei einer 100%igen Testabdeckung berechnet werden.
- Insbesondere beim Abtesten von sicherheitskritischen Funktionen nehmen HIL-Untersuchungen einen hohen Stellenwert ein.
- Durch die Integration realer Teile in die Simulation kann der Modellierungsaufwand deutlich gesenkt werden, was insbesondere bei der Steuergeräteentwicklung eine breite Anwendung findet.

Demgegenüber existieren bei HIL-Untersuchungen folgende Grenzen:

- Die Ergebnisse des Experiments hängen von dem Detaillierungsgrad der Versuchsumgebung ab und sind durch die Rechenleistungen des Steuergerätes beschränkt
- Der Aufwand für die Erstellung einer HIL-Umgebung in Abhängigkeit von den Untersuchungszielen muss im Vorhinein detailliert abgeschätzt werden. Dabei gilt es abzuschätzen, welchen Mehrwert ein HIL-Aufbau gegenüber den Untersuchungen im Erprobungsfahrzeug leisten kann.

3.4 Diskussion und Zielsetzung

3.4.1 Diskussion

In der Literatur liegen zahlreiche allgemeingültige Entwicklungsmethoden in Form von Leitfäden vor, die einen Grundrahmen für das Entwicklungsvorgehen von mechatronischen Systemen vorgeben. Dabei unterstützen alle interdisziplinären Vorgehensmodelle den Entwickler vorwiegend auf der Makro-Logik. Alle Methoden haben gemein, dass am Anfang des Entwicklungsprozesses auf interdisziplinärer Ebene nach prinzipiellen Lösungen gesucht wird und zu einem gegebenen Zeitpunkt eine Abarbeitung in den einzelnen domänespezifischen Fachgebieten unter Verwendung der eigenen Vorangehensweisen stattfindet. Modellbildung und Simulation besitzen bei der Entwicklung von mechatronischen Produkten eine zentrale Bedeutung und werden in VDI 2206 als begleitendes Werkzeug im V-Prozess dargestellt und es wird eine allgemeingültige Vorgehensweise bei dem modellbasierten Funktionsentwurf und der Erstellung der Simulationsumgebung aufgezeigt. Die VDI 2206 stellt folglich einen allgemeinen methodischen Rahmen für die modellbasierte Entwicklung dar. Ein gängiges Mittel bei der Modellerstellung ist die hierarchische Vorgehensweise, das heißt die Zerlegung des Gesamtsystems in Teilsysteme und Komponenten bis hin zur Auflösung der einzelnen Einflussparameter, woraus die Wechselwirkungen der Komponenten bestimmt werden können. Damit wird ein detailliertes Systemverständnis geschaffen. Eine Priorisierung hinsichtlich des Parametereinflusses und ein Rückschluss auf die Modellierungsart und Validierungstiefe der einzelnen Parameter und Komponenten werden dagegen in der VDI 2206 nicht beschrieben.

Ebenso werden bei bisherigen Methoden in Bezug auf die Planung der Simulationsmodellerstellung und deren Validierung das Vorhandensein von bereits existierenden Ressourcen, wie beispielsweise Wissensdatenbanken und experimentelle Prüfeinrichtungen, und deren Qualität im Entwicklungsbereich bislang nicht systematisch berücksichtigt.

3.4.2 Methodische Zielsetzung dieser Arbeit

Der modellbasierte Funktionsentwurf und die modellgestützte Entwicklung haben inzwischen bei mechatronischen Entwicklungen in der Automobilindustrie aufgrund der zunehmenden Systemkomplexität einerseits und dem Bestreben nach einem effizienten Entwicklungsvorgehen hinsichtlich Zeit und Kosten andererseits einen hohen Stellenwert erlangt. Aufgrund der immer komplexer werdenden Systeme und dem Streben nach immer höherer Entwicklungseffizienz wird sich der Bedarf an den die Entwicklungsaufgabe angepassten Modellierungsumgebungen stetig erhöhen. Allgemeingültige Vorgehensweisen bzgl. der Modellbildung und der Theorie der einzelnen Modellierungsarten werden in der Literatur beschrieben. Ferner liegen hoch leistungsfähige Entwicklungswerkzeuge vor, die eine Modellbildung für unterschiedliche Themenschwerpunkte erlauben. Aufgrund der großen Vielfalt an mechatronischen Systemen bedarf es einer individuellen Anpassung der Vorgehensweisen an das Entwicklungsumfeld sowie an die technische Fragestellung.

Mit dem Ziel einer möglichst effizienten Entwicklungsvorgehensweise bei dem modellbasierten Entwurf eines mechatronischen Systems und der Erstellung einer geeigneten Simulationsmodell- sowie Validierungsumgebung ist im Rahmen dieser Arbeit eine methodische Vorgehensweise herzuleiten, die den vorhandenen Voraussetzungen und Rahmenbedingungen im bestehenden Entwicklungsbereich individuell angepasst werden kann. Dabei soll der Entwickler bei der Modellierung und Validierung des Systems hinsichtlich der Wahl der richtigen Modellierungstiefe und der experimentellen Validierungsumgebung sowie der Versuchsplanung systematisch unterstützt werden.

Diese Arbeit ist durch die konkrete technische Zielsetzung des modellbasierten Funktionsentwurfs eines verbrauchsreduzierten hybriden Lenksystems unterschiedlicher Systemkonfigurationen und die simulationsbasierte Potenzialabschätzung motiviert. Dazu ist eine spezifische Vorgehensstrategie zu erarbeiten, die es ermöglicht, die Leistungsflüsse in einem elektromechanisch-hydraulischen mechatronischen System zu beschreiben, um daraus eine Betriebsstrategie nach dem Gesichtspunkt des minimalen Energieverbrauchs abzuleiten. Für die Modellierung und Validierung des Systems ist eine Strategie zu erarbeiten, bei der für die einzelnen Systemparameter mögliche Vorangehensweisen aufgezeigt werden und daraus eine geeignete Lösung ausgewählt wird. Dabei sind vorhandene Entwicklungsumgebungen, wie beispielsweise bereits existierende Prüfstände im Entwicklungsbereich und das Vorhandensein eines Erprobungsträgers für die Entwicklung des Lenksystems, bei der Lösungsfindung zu berücksichtigen.

4. Systemanalyse und Betriebsstrategieentwurf

Im Rahmen dieses Kapitels wird eine methodische Vorgehensweise für die Konzeptionierung und den Entwurf eines mechatronischen Systems im frühen Produktentstehungsprozess vorgestellt, bei der zunächst ein detailliertes Systemverständnis vom zu entwickelnden technischen System geschaffen wird. Auf Basis der gewonnenen Erkenntnisse lässt sich schließlich eine Betriebsstrategie für das mechatronische System ableiten, die optimal an das mechatronische System sowie an dessen Betriebseinsatz angepasst ist. Die Vorgehensweise ist im Gegensatz zu der in VDI 2206 beschriebenen Vorgehensweise, die allgemeingültig branchenunabhängig formuliert ist, auf die Entwicklung eines automobilspezifischen mechatronischen Systems fokussiert. Für die optimale Abstimmung, das heißt die Auswahl des optimalen hardwaretechnischen Systemdesigns mit der höchsten Systemperformance, bedarf es einer detaillierten Kenntnis über das Zusammenwirken der einzelnen systemdesign-, baureihen- und nutzungsprofilspezifischen Parameter.

Dieses Kapitel befasst sich mit der Systemanalyse und dem Betriebsstrategieentwurf der verbrauchsreduzierten hybriden Lenkung für unterschiedliche Systemdesignvarianten mittels einer Modellbildung. Die Modellbildung umfasst einerseits die modellbasierte Beschreibung der unterschiedlichen Systemkonfigurationen in einer zu definierenden Systemumgebung und andererseits den modellbasierten Entwurf der an die jeweilige Systemdesignvariante angepassten Betriebsstrategie.

Bei der Modellbildung sind nach Czichos [Czi-08] Komponentenmodelle sowie deren Einflussgrößen in einer entsprechenden Simulationsumgebung einzubinden. Diese Modelle sollen zum einen die physikalische Wirkung wiedergeben und zum anderen einen möglichst niedrigen Detaillierungsgrad besitzen, um minimale Simulationszeiten zu gewährleisten und somit den Entwicklungsprozess zu beschleunigen. Ausgehend von dieser sehr allgemeinen Formulierung bedarf es einer an die spezifische Aufgabenstellung des modellbasierten Funktionsentwurfs einer verbrauchsreduzierten hybriden Lenkung angepassten Vorgehensweise. Die in dieser Arbeit vorgestellte Vorgehensweise richtet sich nach einer Methode, die in Abbildung 4.1 dargestellt ist und deren einzelnen Schritte in den weiterführenden Kapiteln am Beispiel der verbrauchsreduzierten Lenkung Anwendung finden sollen.

Systemanalyse und Betriebsstrategieentwurf
Systemabstraktion
▪ *Abgrenzung des Modellierungsumfangs* ▪ *Identifikation von Teilsystemen und Komponenten* ▪ *Festlegung der Systemgrenzen*
Funktionsbeschreibung
▪ *Mathematisch-physikalische Beschreibung der Systemelemente* ▪ *Beschreibung der Leistungsbilanz für die Betriebszustände der einzelnen Systemkonfigurationen*
Entwurf der Betriebsstrategie
▪ *Definition der Betriebsstrategieparameter* ▪ *Entwurf der Betriebslogik*

Abb. 4.1: Vorgehensweise bei der Erstellung der Simulationsumgebung und dem Entwurf einer der Systemdesignvariante angepassten Betriebsstrategie

Der erste Schritt der Vorgehensweise besteht darin, auf Grundlage einer *Systemabstraktion* den notwendigen Modellierungsumfang der zu entwickelnden mechatronischen Funktion vollständig zu erschließen, und das Gesamtsystem in Teilsysteme und deren Komponenten zu zerlegen und geeignete Systemgrenzen zu definieren. Dabei wird eine mechatronische Systemstruktur unter Angabe der Energie-, Stoff- und Signalflüsse unter Anwendung der prozesselementbasierten Darstellung aufgestellt. Für die Erstellung der Betriebsstrategien werden die einzelnen mechatronischen Komponenten, wie Aktoren, Sensoren und die Informationsverarbeitung, identifiziert.

Im Anschluss daran werden in einer *Funktionsbeschreibung* die einzelnen Komponenten durch mathematisch-physikalische Beschreibungsformen charakterisiert und die Systemparameter identifiziert. Durch Kopplung der einzelnen Komponenten zu Teilsystemen und Verknüpfung der Teilsysteme zu einem Gesamtmodell liegt eine detaillierte Kenntnis bezüglich des Systemverhaltens vor.

Aus den Erkenntnissen der Funktionsbeschreibung wird eine *leistungsgeführte Betriebsstrategie* für das kraftstoffreduzierte hybride Lenksystem mit aktivem Volumenstromverstellmechanismus unter dem Aspekt der optimalen Energieausnutzung hergeleitet.

4.1 Systemabstraktion

In DIN 66201 wird ein System als eine abgrenzende Anordnung von aufeinander einwirkenden Elementen verstanden, dessen Gebilde technische Prozesse sind. Ein Prozess ist dabei durch die Umformung und/oder den Transport von Materie, Energie und/oder Information gekennzeichnet. Zu diesem Zweck wird eine abstrakte Darstellungsform für die Kraft-, Energie- bzw. Leistungsflüsse innerhalb der Komponenten des Lenksystems gewählt.
Als geeignete Beschreibungsform für die Leistungsflüsse im Automobil dient nach Schmidt [Sch-02] die prozesselementbasierte Darstellung, mit der sich Energie-, Stoff- und Signalflüsse allgemeingültig beschreiben lassen. Tabelle 4.1 stellt die fünf allgemeingültigen Prozesselemente dar.

Tab. 4.1: Symbole für Prozesselemente mit dem Ziel der Leistungsbilanzbeschreibung [Sch-02]

Bezeichnung	Quelle	Senke	Speicher	Übertrager	Wandler
Symbol	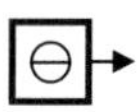	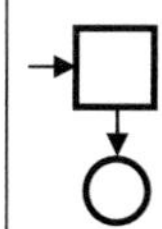	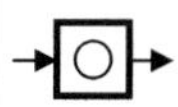	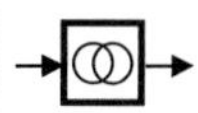	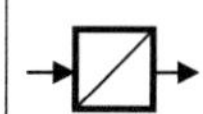

Eine *Quelle* ist ein Prozesselement, welches über keinen Eingang, sondern nur über einen Ausgang verfügt. Die ideale Quelle gibt an ihrem Ausgang eine Quantität an die angeschlossenen Prozesselemente aus einem unendlich großen Reservoir ab. Eine reale Quelle ist verlustbehaftet und lässt sich durch eine ideale Quelle und eine Senke darstellen. Eine *Senke* besitzt im Gegensatz zu der Quelle keinen Ausgang, sondern nur einen Eingang und nimmt demzufolge lediglich eine Quantität auf. Eine ideale Senke ist dadurch charakterisiert, dass sie die Quantität vollständig aufnimmt. *Speicher* besitzen einen Ein- und Ausgang und nehmen eine Quantität auf und geben sie im idealen Fall wieder vollständig ab, wobei die Quantität angesammelt werden kann. Bei realen Speichern ist die Ausgangsquantität kleiner als die Eingangsquantität. *Übertrager* verhalten sich ähnlich wie Speicher, sind jedoch nicht in der Lage, Quantität anzusammeln. *Wandler* sind dadurch charakterisiert, dass sie eine Quantität in einer bestimmten Art aufnehmen und sie wieder in einer anderen Quantität abgeben.
Schmidt [Sch-02] berücksichtigt durch farbliche Kennzeichnung der Prozesselemente die Energieart, siehe Tabelle 4.2:

Tab.4.2: Energiearten der Prozesselemente [Sch-02]

Energieform	**Mechanisch**	**Hydraulisch**	**Elektrisch**	**Chemisch**
Symbol	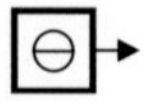	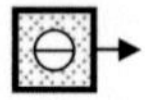	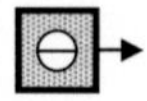	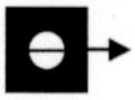

In Isermann [Ise-07] wird für mechatronische Zwecke des Weiteren zwischen aktiven und passiven Prozesselementen unterschieden, siehe Tabelle 4.3:

Tab. 4.3: Elementtypen [Sch-02]

Elementtypen	Passiv	Aktiv
Symbol	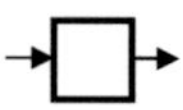	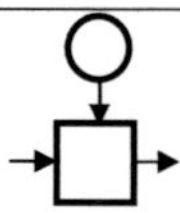

Oben beschriebene Prozesselemente eignen sich vorwiegend für die Beschreibung von technischen Systemen, deren Ströme vorwiegend durch den Energie- und/oder Stofffluss geprägt sind. Informationsflüsse, die im Rahmen der mechatronischen Systementwicklung eine gleichberechtigte Bedeutung besitzen, lassen sich dagegen mit diesen Prozesselementen nur bedingt beschreiben. Daher soll im Rahmen dieser Arbeit die Prozesselementdarstellung um zwei Elemente, *Sensor S* und *Informationsverarbeitung IV*, siehe Tabelle 4.4, in Anlehnung an die mechatronische Systemstruktur aus Kapitel 3.1 erweitert werden.

Tab. 4.4: Elemente zur Beschreibung der mechatronischen Elemente Sensor und Informationsverarbeitung

Bezeichnung	Sensor	Informations-verarbeitung
Symbol	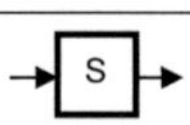	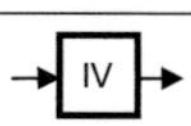

Sensoren sind dadurch charakterisiert, dass sie als Eingang eine bestimmte physikalische oder chemische Eigenschaft und/oder die stoffliche Beschaffenheit ihrer Umgebung qualitativ oder quantitativ erfassen und als Ausgang in eine weiterverarbeitbare Größe umwandeln.
Die *Informationsverarbeitung* nimmt als Eingang ein oder mehrere Informationssignal/e auf und gibt nach Verarbeitung der Informationen eine oder mehrere Information/en aus.

Im Folgenden soll die abstrakte Beschreibungsform bei der Beschreibung der hybriden verbrauchsreduzierten Lenkung angewendet werden:
Abbildung 4.2 stellt die prozesselementbasierte Systemstruktur für das hybride Lenksystem dar. Der Fahrer, der im Fahrer-Fahrzeug-Regelkreis, siehe unter anderem in Barthel [Bar-03], die Aufgabe der Sollbahnverfolgung im Sinne einer antizipatorischen Steuerung übernimmt, nimmt aus seiner näheren Umgebung visuelle und haptische, vestibuläre und akustische Ist-Signale auf, verarbeitet diese und erzeugt in Abhängigkeit von Sollinformationen Stellsignale. Die Stellsignale stellen die Pedalstellung, die Gangwahl und der Lenkradwinkel dar. Der Fahrer lässt sich demzufolge vereinfacht als eine Sensoreinheit, eine Informationsverarbeitungseinheit und eine mechanischen Energiequelle darstellen. Der Fahrer gibt am Lenkrad, welches den Eingang des *mechanischen Lenkstrangs* darstellt, zur Querführung des Fahrzeugs einen Lenkwinkel gegen eine sich einstellende Handkraft und über die Gaspedalstellung und ggf. den gewählten Gang bei manuellen Schaltgetriebe die Fahrgeschwindigkeit vor. Der Lenkradwinkel als Eingangssignal des mechanischen Lenkstrangs lässt sich dabei durch eine CAN-Aufzeichnung eines Lastzyklus mit einem Erprobungsträger gewinnen.
Die Handkraft stellt sich als Reaktionskraft aus dem resultierenden Rückstellmoment, dem Bohrmoment und den zu überwindenden mechanischen Reibkräften dar und wird durch die mechanischen Übersetzungsverhältnisse und die Höhe der Lenkhilfe reduziert. Die Systemgrenze des mechanischen Lenkstrangs verläuft zwischen der Hand des Fahrers und dem Lenkrad sowie zwischen Reifen und Fahrbahnoberfläche. Die Handkraft lässt sich dabei mittels Modellbildung, zum Beispiel durch ein nichtlineares Einspurmodell, das das Verhalten des restlichen Fahrzeugs abbildet, und durch ein Lenkkraftmodell in Abhängigkeit von den Größen Lenkradwinkel und Fahrgeschwindigkeit, die aus der CAN-Aufzeichnung eines Lastzyklus gewonnen werden, berechnen.
Für die Bereitstellung der *hydraulischen Lenkhilfe* wird eine Fremdenergie benötigt, deren ursprüngliche Energiequelle der Fahrzeugtank ist. Bei der Verbrennung des Kraftstoffs in der Verbrennungskraftmaschine wird chemische Energie in mechanische kinetische Energie in Form von rotatorischer Bewegung der Kurbelwelle gewandelt und von dort wird über eine mechanische Übersetzung die Lenkhelfpumpenrotorwelle angetrieben. Bei der Bewegung des Rotors der LHP wird die mechanisch-rotatorische Energie in hydraulische Energie gewandelt. Die hydraulische Energie wird mittels des Fluids Lenkungsöl über Druckleitungen und dem Steuerventil in die Druckkammern des Lenkgetriebes geleitet und dort in mechanische Energie gewandelt. Die Stellung des Steuerventils beeinflusst dabei die Verteilung des Volumenstroms in die beiden Druckkammern und damit den Betrag und die Richtung der Lenkhilfeunterstützung. Die Steuerventilstellung wird dabei in Abhängigkeit von der anstehenden Lenkkraft durch elastische Verformung des Torsionsstabs bestimmt. Im

weitesten Sinne kann der Torsionsstab als Sensor dargestellt werden. Die Krafteinleitung durch die hydraulische Servounterstützung erfolgt über eine Übersetzung zwischen Servokolben und Lenkgetriebeausgangswelle sekundärseitig. Von den Druckkammern des Arbeitskolbens wird das Fluid über Rückflussleitungen, ggf. einen Lenkungskühler und über den Ölfilter in den Öltank geleitet, an dem es wieder über Ansaugleitungen von der LHP angesaugt wird.

Die Systemgrenze der hydraulischen Servounterstützung verläuft zum restlichen Fahrzeug an der Lenkhelfpumpenantriebswelle und zum mechanischen Lenkstrang an der Sekundärseite des Lenkgetriebes. Eine Besonderheit beim hybriden Lenksystem bildet die LHP, die über die Informationsverarbeitung der elektrischen Lenkhilfe (Lenkungssteuergerät) aktiv angesteuert werden kann, womit je nach Systemdesignvariante der Systemvolumenstrom aktiv beeinflusst werden kann.

Bei der energetischen Betrachtung des zu entwickelnden hybriden Lenksystems ist ferner der elektrische Energiefluss der *elektrischen Lenkhilfe* zu betrachten. Hierbei wird ebenso die chemische Energiequelle Kraftstoff in mechanisch-rotatorische Energie der Kurbelwelle gewandelt. Über eine mechanische Übersetzung wird die Lichtmaschine angetrieben, wo es zu einer Energieumformung von mechanischer in elektrische Energie kommt, die schließlich der Leistungselektronik zu Verfügung steht. Die Leistungselektronik wird dabei vom Lenkungssteuergerät, einer Informationsverarbeitung, die mit dem Lenkstrang (Lenkmomenten- und Lenkwinkelsensor) und dem restlichen Fahrzeug auf der Signalflussebene in Verbindung steht, angesteuert. In Abhängigkeit von der elektrischen Energieumformung in der Leistungselektronik von Gleichstrom zu Phasenstrom wird im Aktor elektrische Energie in mechanische Energie gewandelt. Mittels einer Übersetzung zwischen Aktor und Lenkwelle wird die Kraft des Aktors übersetzt und bewirkt primärseitig des Lenkgetriebes eine Krafteinwirkung, die dem Fahrer als elektrische Servounterstützung beim Lenken zur Verfügung steht. Des Weiteren ist die Informationseinheit der elektrischen Lenkhilfe über die Signalflussebene mit den CAN-Daten des restlichen Fahrzeugs sowie dem mechanischen Lenkstrang verbunden. Die Systemgrenze zwischen elektrischer Lenkhilfe und dem restlichen Fahrzeug verläuft zwischen der Übersetzung Kurbelwelle/Lichtmaschine und Lichtmaschine und zwischen elektrischer Lenkhilfe und mechanischem Lenkstrang am Lenkgetriebeeingang vor dem Torsionsstab.

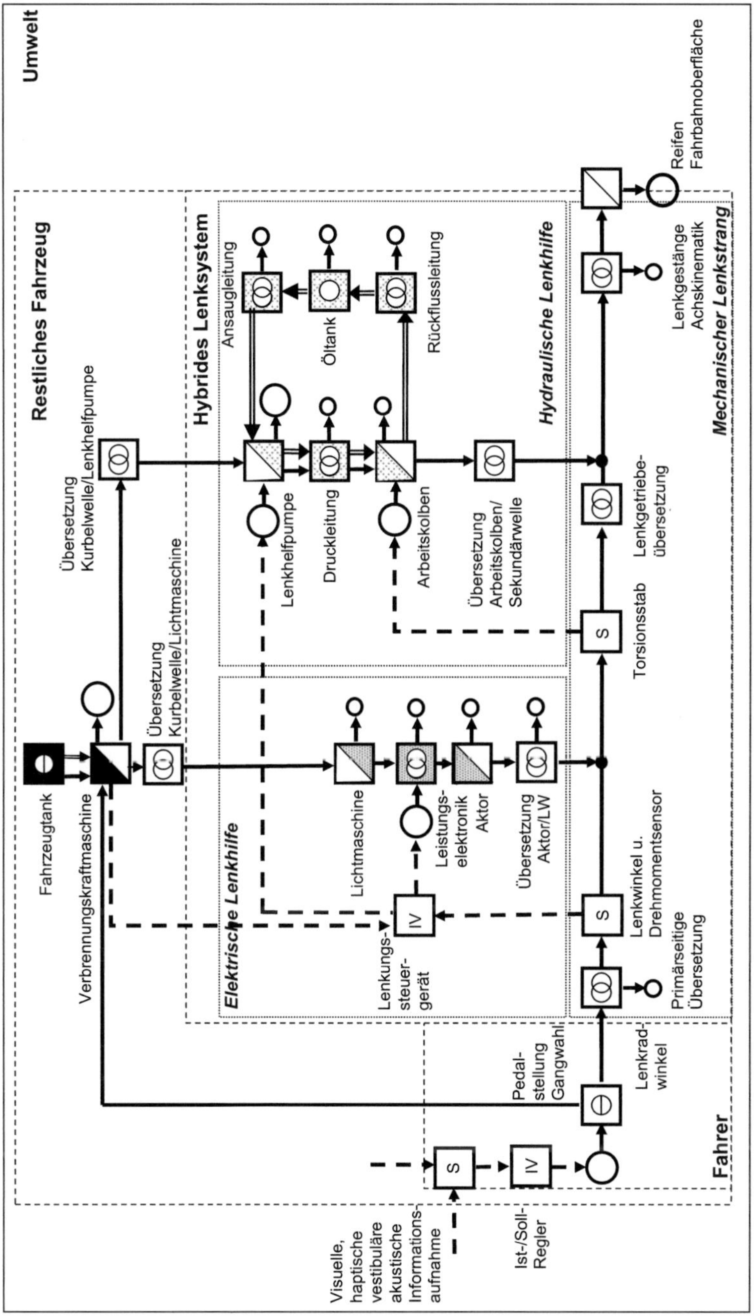

Abb. 4.2: Mechatronische Struktur für ein hybrides Lenksystem: In blau sind die Systemgrenzen dargestellt. Es bedeuten: → Energie-/Kraftfluss - - → Signalfluss ⇒ Stofffluss

4.2 Funktionsbeschreibung

Nach der Systemabstraktion und der Identifikation der Teilsysteme und der einzelnen Systemelemente gilt es im Folgenden, die Prozesselemente mittels mathematisch-physikalischer Zusammenhänge zu beschreiben und daraus systematisch alle Einflussparameter zu identifizieren.

Daher sollen in den folgenden Abschnitten die einzelnen Komponenten des mechanischen Lenkstrangs und der hydraulischen und elektrischen Lenkhilfe hinsichtlich des Einflusses auf die Leistungsbilanz betrachtet und geeignete Beschreibungsformen gefunden werden.

4.2.1 Mechanischer Lenkstrang

Der mechanische Lenkstrang besitzt die Aufgabe die durch den Fahrer eingeleitete Stellbewegung vom Lenkrad auf die Räder zu übertragen und die entstehenden Radkräfte als Reaktionsmoment in Form eines um die Lenkhilfe reduzierten Handmoments M_{Hand} an den Fahrer zu leiten. Abbildung 4.3 stellt den Kraftfluss des Lenksystems des hybriden Lenksystems dar.

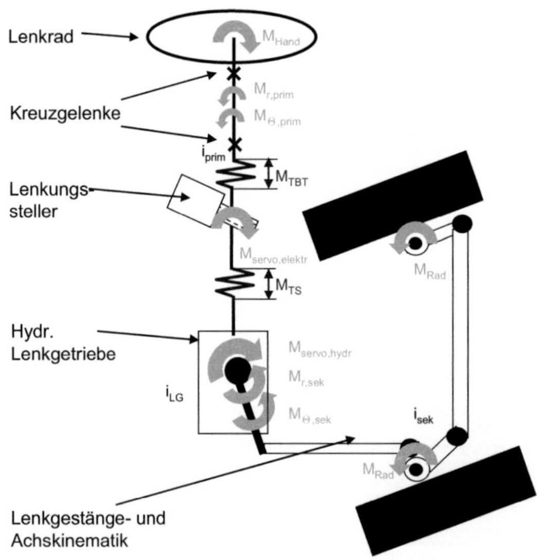

Abb. 4.3: Krafteinwirkung des hybriden Lenksystems

Den kinematischen Zusammenhang zwischen Lenkrad- und Radeinschlagswinkel beschreibt Gleichung 4-1.

$$\delta_{Rad} = \frac{\delta_{LW}}{i_{prim} \cdot i_{LG} \cdot i_{sek}} \tag{4-1}$$

Die *primärseitige Übersetzung* i_{prim} beschreibt den Zusammenhang zwischen dem Lenkrad- und dem Lenkgetriebeeingangswinkel und berücksichtigt den Kardanfehler der in Reihe geschalteten Kreuzgelenke. Die *Lenkgetriebeübersetzung* i_{LG} charakterisiert den Zusammenhang zwischen Lenkgetriebeein- und -ausgang. Dabei wird im Nfz in der Mittellage eine direktere Lenkübersetzung zur Realisierung eines direkteren Lenkgefühls und mit Zunahme des Lenkradwinkels eine indirektere Lenkübersetzung zur Überwindung der stark steigenden Lenkkräfte realisiert. Das Übersetzungsverhältnis zwischen der Sekundärwelle des Lenkgetriebes und dem Einschlagwinkel des Rades wird in der *sekundärseitigen Übersetzung* i_{sek} zusammengefasst. Diese berücksichtigt die lenkradwinkelabhängige Übersetzung, die sich durch die kinematischen Zusammenhänge der Lenkgestänge- und Achskinematik des jeweiligen Baumusters und der Baureihe unter Berücksichtigung der Ausstattungsvariante ergibt.

Gleichung 4-2 beschreibt das Kräfteverhältnis im Lenkstrang.

$$2 \cdot M_{Rad} = \left(M_{Hand} - M_{r,prim} - M_{\Theta,prim}\right) \cdot i_{prim} \cdot i_{LG} \cdot i_{sek} + M_{servo,elektr} \cdot i_{LG} \cdot i_{sek} + M_{servo,hydr} - M_{r,sek} - M_{\Theta,sek} \tag{4-2}$$

Das *Radmoment* M_{Rad} resultiert aus den zu überwindenden Kräften zwischen Reifen und Straße. Bei der Normalfahrt (Fahrgeschwindigkeit $v_{Fzg} > 0$) entsteht ein Radrückstellmoment infolge eines Seitenkraftaufbaus $F_{S,Rad}$, dessen Angriffspunkt um den Nachlauf n_{Rad} hinter der Latschmitte des Reifens versetzt ist. Im Stillstand des Fahrzeugs bei nichtrollenden Rädern dagegen tritt an den Reifen ein Bohrmoment auf, bei dem die einzelnen Latschpunkte (Reifenelemente) auf der Fahrbahn gleiten. Nach Buschmann *et al.* [Bus-63] lässt sich das Bohrmoment in grober Näherung in Abhängigkeit von den Parametern Radlast F_z, Reibwert μ und Reifendruck p beschreiben. Das Radmoment kann zusammenfassend gemäß [Zom-91] und [Bus-63] wie folgt beschrieben werden:

$$M_{Rad} = n_{Rad} \cdot F_{S,Rad} \text{ für } |v_{Fzg}| > 0$$
$$M_{Rad} = M_{Bohr} \approx \mu \cdot \frac{F_z^{1,5}}{\sqrt{p}} \text{ für } |v_{Fzg}| = 0 \quad (4\text{-}3)$$

Die an den beiden Vorderrädern entstehenden Radmomente werden durch den Lenkstrang über die Übersetzung bis hin zum Lenkrad geleitet. Dabei wird das resultierende Handmoment M_{Hand} um die elektrische Lenkhilfe $M_{servo,elektr}$ oder die hydraulische Lenkhilfe $M_{servo,hydr}$ reduziert.

Neben den Rad- und Servomomenten treten im mechanischen Lenkstrang Verluste in Form von Reib- und Trägheitsmomenten auf. Die Verluste werden in einen bezogen auf das Lenkgetriebe primär- und sekundärseitigen Anteil unterteilt und berücksichtigen mechanische Reibeffekte $M_{r,prim}$, $M_{r,sek}$ sowie Trägheitseffekte $M_{\Theta,sek}$, $M_{\Theta,prim}$. Während die Reibungseffekte gemäß des Coulomb'schen Reibungsgesetzes von der Lenkradbewegungsrichtung abhängen, werden die Trägheitsmomente von den jeweiligen Trägheitsmomenten J_{prim}, J_{sek} und der Lenkradwinkelbeschleunigung $\ddot{\delta}_{LW}$, bzw. von der Radwinkelbeschleunigung $\ddot{\delta}_{Rad}$ beeinflusst. Für die Reib- und Trägheitseffekte auf Primär- und Sekundärseite kann geschrieben werden:

$$M_{\Theta,prim} = J_{prim} \cdot \ddot{\delta}_{LW} \text{ und } M_{\Theta,sek} = J_{sek} \cdot \ddot{\delta}_{Rad} \quad (4\text{-}4)$$

$$M_{r,prim} = | M_{r,prim} | \cdot sign(\dot{\delta}_{LW}) \text{ und } \quad M_{r,sek} = | M_{r,sek} | \cdot sign(\dot{\delta}_{LW}) \quad (4\text{-}5)$$

Ferner existieren im mechanischen Lenkstrang zwei Sensoreinheiten. Dabei dosiert das Torsion-Bar-Torque-Sensormoment M_{TBT} die elektrische Lenkhilfe und das Torsionsstabmoment M_{TS} die hydraulische Lenkhilfe:

$$M_{TBT} = M_{Hand} - M_{r,prim} - M_{\Theta,prim} \quad (4\text{-}6)$$

$$M_{TS} = M_{Hand} + M_{servo,elektr} - M_{r,prim} - M_{\Theta,prim} \quad (4\text{-}7)$$

4.2.2 Hydraulische Lenkhilfe

Lenkhelfpumpe

Die Hauptaufgabe einer LHP besteht darin, den für den Betrieb eines hydraulischen Lenksystems erforderlichen Systemvolumenstrom in ausreichender Menge zu erzeugen. Für die Realisierung der verbrauchsreduzierten Lenkung wird zudem der LHP die Aufgabe des aktiven Volumenstromverstellmechanismus zugeordnet.

Als LHPen kommen nach dem Stand der Technik Flügelzellenpumpen zum Einsatz, siehe Abbildung 4.4. Dabei gleiten Flügel in Schlitzen des Rotors und bilden mit Rotor und Gehäuse die Verdrängerräume.

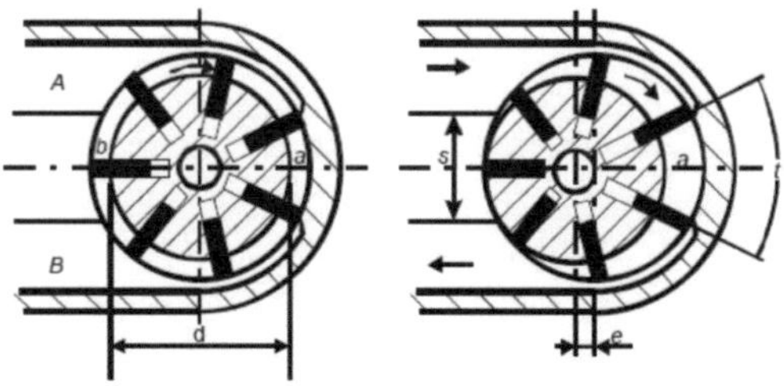

Abb. 4.4: Einhubige Flügelzellenpumpe [Gei-07]

Das Schluckvolumen berechnet sich gemäß [Gei-07] mit folgender Gleichung:

$$V_{Schluck} = \pi \cdot b \cdot e \cdot \left(d + e - \frac{z \cdot d_i}{\pi} \right) \qquad (4\text{-}8)$$

Im Nfz werden im Serieneinsatz Flügelzellenpumpen mit konstantem Verdrängungsvolumenstrom eingebaut, die entweder in Solopumpenausführung oder gekoppelt mit der Kraftstoffpumpe als Tandempumpenausführung über eine Übersetzung i_{LHP} an den Abtrieb des Verbrennungsmotors geflanscht sind. Dabei werden die Flügelzellenpumpen meist doppelhubig ausgeführt, wodurch im Gegensatz zu einhubigen Flügelzellenpumpen aufgrund der symmetrischen Druckverteilung die radialen Rotorkräfte kleiner sind.

Die Fördermenge Q_{LHP} der konventionellen LHP ist vom Schluckvolumen der Pumpe abhängig und lässt sich gemäß [Fin-06] wie folgt berechnen.

$$Q_{LHP} = i_{LHP} \cdot n_{LHP} . V_{Schluck} \tag{4-9}$$

Um den Systemvolumenstrom Q_{SYSs} unabhängig von der Motordrehzahl näherungsweise konstant zu halten, wird der Systemvolumenstrom bei Überschreiten einer Grenzdrehzahl n_{grenz} auf einen Grenzvolumenstrom Q_{grenz} mittels eines druckdifferenzgesteuerten Volumenstrombegrenzungsventils abgeregelt, wobei der überschüssige Fördervolumenstrom Q_{RL} in einen pumpeninternen Rücklauf strömt, siehe Abbildung 4.5.

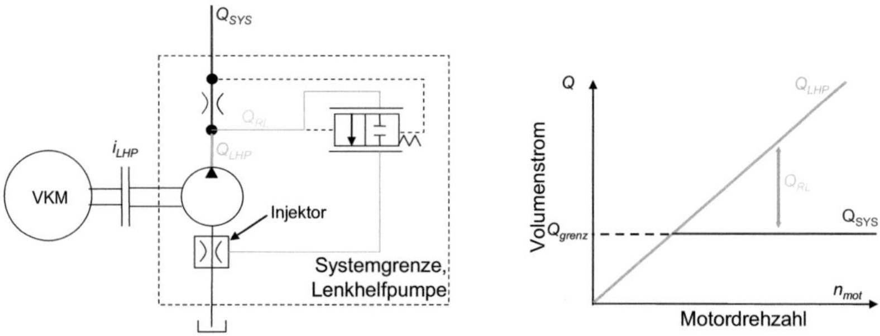

Abb. 4.5: Volumenstrombilanz der konventionellen LHP

Der nominale Grenzvolumenstrom hängt insbesondere vom jeweiligen Baumuster ab und variiert zudem aufgrund von Betriebsparametern, wie beispielsweise Druck, Pumpendrehzahl und Temperatur.

Für die Zusammenhänge der Volumenströme kann unter Berücksichtigung einer Fallunterscheidung zwischen geregeltem und ungeregeltem Betrieb der LHP geschrieben werden:

$$\begin{aligned} Q_{SYS} &= Q_{LHP} \text{ für } n_{LHP} \leq n_{Grenz} \\ Q_{SYS} &= Q_{grenz} = Q_{LHP} - Q_{RL} \text{ für } n_{LHP} > n_{Grenz} \end{aligned} \tag{4-10}$$

In der Realität treten in der LHP Verluste in Form von volumetrischen Verlusten infolge von äußerer und innerer Leckage sowie von Druckverlusten auf. Während die volumetrischen Verluste für die Wahl des Systemvolumenstroms auslegungsrelevant sind, bestimmen nach [Boo-04] insbesondere die Druckverluste die Verlustleistung des OC-Lenksystems.

Einen wesentlichen Verlust stellt dabei der Druckverlust in der Hauptdrossel der LHP dar. Der Druckverlust an der Hauptdrossel lässt sich nach Bootz [Boo-04] durch die Drosselgleichung beschreiben:

$$\Delta p_{HD,v} = \frac{1}{2} \cdot \frac{1}{\alpha_{HD}^{2} \cdot A_{HD}^{2}} \cdot \rho_{Öl} \cdot Q_{SYS}^{2} \quad (4\text{-}11)$$

Bei höheren Pumpendrehzahlen, bei denen das Grenzvolumenstrom überschritten wird, kommt es im pumpeninternen Rücklauf zu Strömungsverlusten, die je nach Rücklaufausführung und Förderzustand durch den Injektoreffekt wieder teilweise aufgehoben werden. Des Weiteren treten in der Pumpe Reibverluste an allen beweglichen Teilen in Form von Haft-, Misch- und hydrodynamischer Reibung auf, deren Grundeffekte durch die Stribeckkurve beschrieben werden können.

Eine mathematische Beschreibung der Gesamtverluste in der LHP durch die Summation der Einzelverluste führt in der Regel zu aufwändigen Modellen, deren Parameterbestimmung mit erheblichem Aufwand verbunden ist. Daher werden in der Literatur in Hinblick auf die simulatorische Abbildung der Eigenschaften einer LHP vereinfachte mathematische Beschreibungen zur Leistungsbestimmung von Pumpen empfohlen, deren Parameter durch experimentelle (quasistationäre) Identifikation zu bestimmen sind. Diese Vorgehensweise soll im Rahmen dieser Arbeit Anwendung finden.

Die etablierteste Methode zur Bestimmung des Wirkungsgrades η_{LHP} besteht in der Quotientenbildung aus der hydraulischen Wirkleistung und der mechanischen Antriebsleistung nach Gleichung 4-12.

$$\eta_{LHP} = \frac{hydraulische\_Wirkleistung}{mechanische\_Antriebsleistung} = \frac{Q_{SYS} \cdot \Delta p_{LHP}}{2\pi \cdot M_{LHP} \cdot n_{LHP}} \quad (4\text{-}12)$$

Dabei bezeichnet Q_{SYS} den von der Pumpe effektiv geförderten Volumenstrom, Δp_{LHP} den Differenzdruck an der Pumpe, gemessen zwischen Ansaug- und Druckleitung, sowie M_{LHP} und n_{LHP} das Drehmoment und die Drehzahl der Antriebswelle der LHP.

Als Detaillierungsgrade für die Modellierung und Validierung des Pumpenwirkungsgrads lassen sich gestufte Validierungsprozesse durchlaufen, deren einfachste Validierungsstufe ein Messpunkt und deren höchste Validierungsstufe ein mehrdimensionales Kennfeld der Parameter Drehzahl, Druck und Temperatur unter Angabe der Lenkungsölart darstellt, siehe DIN ISO 4409 [ISO-07]. Dadurch, dass sich im Falle der ansteuerbaren Bypasspumpe und der ansteuerbaren Verstellpumpe der Systemvolumenstrom aktiv reduzieren lässt, ist zudem der Drosselzustand der Pumpe bei der Wirkungsgradbetrachtung zu berücksichtigen.

Elektrischer Leistungsbedarf des Volumenstromverstellmechanismus

Die Reduzierung des Systemvolumenstroms erfolgt, wie bereits erwähnt, durch den aktiven Volumenstromverstellmechanismus. Die Ansteuerung und damit Reduzierung des Systemvolumenstroms erfolgt im Falle der elektrisch ansteuerbaren Bypass- und Verstellpumpe durch ein elektromagnetisches Ventil.
Im Falle der Systemdesignvariante mit ansteuerbarer Trennkupplung wird die konventionelle LHP vom mechanischen Antrieb durch eine elektromagnetische Trennkupplung abgekoppelt. Durch diese Maßnahme lassen sich die hydraulischen Verluste komplett vermeiden. Demgegenüber muss während des „Öffnens" und des „Offenhaltens" der Kupplung eine elektrische Leistung aufgebracht werden. Der Leistungsbedarf der elektromagnetischen Trennkupplung ist höher als der der elektromagnetisch betätigten Ventile der anderen Systemdesignvarianten. Der Energieverbrauch des aktiven Volumenstromverstellmechanismus ist unter Berücksichtigung des Generatorwirkungsgrads η_{Gen} zu berücksichtigen.
Im Rahmen dieser Arbeit soll aufgrund des binären und quasistationären Betriebs der Volumenstromverstellmechanismen auf eine analytische Beschreibung der elektrischen Leistungen verzichtet werden. Als einfacher Ansatz für den elektrischen Leistungsbedarf des Volumenstromverstellmechanismus kann geschrieben werden:

$$P_{VM} = \frac{U \cdot I_{VM}}{\eta_{Gen}} \tag{4-13}$$

Dabei bezeichnet U die elektrische Spannung und I_{VM} den Strombedarf des aktiven Volumenstromverstellmechanismus.

Lenkgetriebe

Das Lenkgetriebe umfasst das Steuerventil und den Arbeitskolben. In der Literatur finden sich mathematisch-physikalische Beschreibungsformen von Lenkgetrieben mit Open-Center-Lenkventilen, siehe u. a. bei Xue *et al.* [Xue-05], Koskinen *et al.* [Kos-03] und Povel [Pov-78].

Die Strömungs- und Druckverhältnisse in einem Open-Center-Steuerventil lassen sich dabei geeignet mittels der Wheatstoneschen Brückenschaltung beschreiben, bei der die Steuerkanten des Lenkventils als hydraulische Widerstände angesehen werden, siehe Abbildung 4.6.

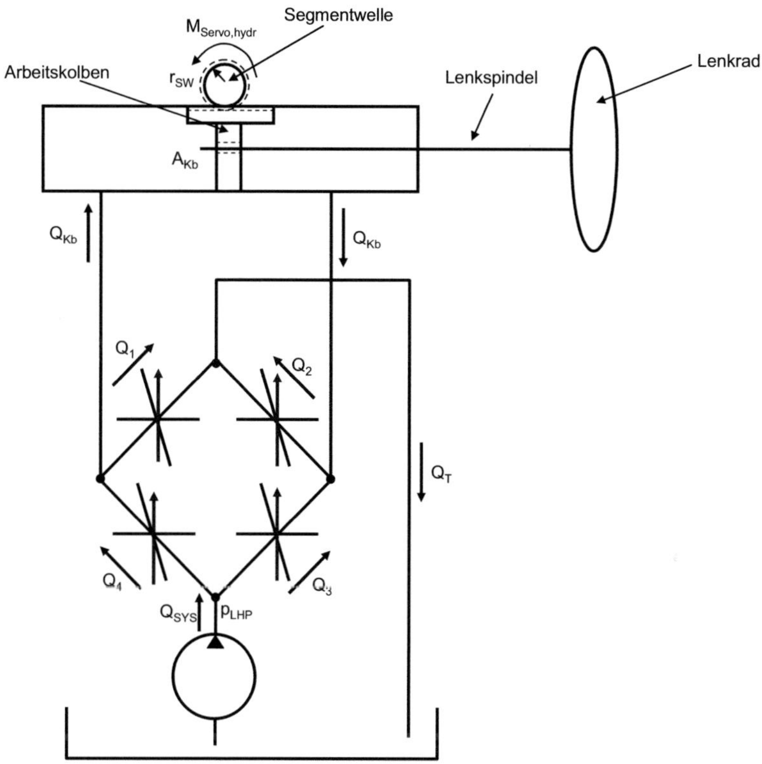

Abb. 4.6: Hydraulische Brückenschaltung zur Beschreibung der Effekte im Steuerventil

Der Druckabfall Δp_i an den einzelnen Steuerkanten (i = 1-4) kann mit Hilfe der Drosselgleichung berechnet werden, wobei der Durchflusskoeffizient α_D in der Regel als konstant angenommen werden kann.

$$Q_i = \alpha_D \cdot \sqrt{\frac{2}{\rho_{Öl}}} \cdot A_{V,i} \cdot \sqrt{\Delta p_i} \qquad (4\text{-}14)$$

Die Steuerkantenöffnungsquerschnitte $A_{V,i}$ stellen eine Funktion des Verdrehwinkels des Torsionsstabs (das heißt des Handmoments) dar und sind maßgeblich von dem Design der Steuerventilkennlinie abhängig. Bei Verdrehung des Torsionsstabes ändern sich die Steuerkantenöffnungsquerschnitte gegenüberliegender Steuerkanten in der Brücke gleichsinnig und die nebeneinander liegender Steuerkanten gegensinnig. Für ein symmetrisches Ventil ergibt sich für den Differenzdruck Δp_{LG} im Arbeitskolben, bzw. für das hydraulische Servomoment $M_{servo,hydr}$ unter Berücksichtigung des mechanischen Lenkgetriebewirkungsgrades η_{LG} folgender Zusammenhang gemäß [www-41]:

$$\Delta p_{LG} = \frac{M_{sevo,hydr}}{A_{Kb} \cdot r_{SW} \cdot \eta_{LG}} = \frac{1}{4} \cdot \left[\frac{(Q_{SYS} - Q_{Kb})^2}{(\alpha_D \cdot A_{V,1})^2 \cdot 2/\rho_{Öl}} - \frac{(Q_{SYS} + Q_{Kb})^2}{(\alpha_D \cdot A_{V,2})^2 \cdot 2/\rho_{Öl}} \right] \tag{4-15}$$

Der in Gleichung 4-15 beschriebene Kolbenvolumenstrom Q_{Kb} und demnach das Maß für die Lenkhilfe ist maßgeblich von der Lenkradwinkelgeschwindigkeit $\dot{\delta}_{LW}$ abhängig und lässt sich nach dem Verdrängerprinzip unter Berücksichtigung der Spindelsteigung B folgendermaßen beschreiben:

$$Q_{Kb} = \frac{A_{Kb} \cdot B}{2 \cdot \pi} \cdot \dot{\delta}_{LW} \tag{4-16}$$

Gleichung 4-15 und 4-16 beschreiben den Einfluss der Lenkradwinkelgeschwindigkeit auf die hydraulische Servounterstützung. Die maximal spezifizierte Lenkradwinkelgeschwindigkeit bestimmt die Auslegung der LHP hinsichtlich des notwendigen Schluckvolumens und des Grenzsystemvolumenstroms bei geforderter Lenkhilfe bei Motorleerlaufdrehzahl. Als bedarfsorientierte lenkradwinkelgeschwindigkeitsabhängige Lenkhilfe bietet sich die bedarfsgerechte Drosselung des Systemvolumenstroms an, die sich bei den Systemkonfigurationen mit ansteuerbarer Bypass- und Verstellpumpe realisieren lässt. Für die hydraulische lenkradwinkelgeschwindigkeitsabhängige Servounterstützung setzt sich der Systemvolumenstrom Q_{SYS} aus einem statischen, von der Lenkradwinkelgeschwindigkeit unabhängigen Volumenstrom (erster Summand in Gleichung 4-17) sowie einem von der Lenkradwinkelgeschwindigkeit abhängigen Anteil, der sich wiederum als Produkt der Lenkradwinkelgeschwindigkeit $\dot{\delta}_{LW}$ und einer Konstanten K zusammensetzt.

$$Q_{SYS} \overset{!}{=} Q_{SYS,\dot{\delta}_{LW}=0} + \dot{\delta}_{LW} \cdot K \tag{4-17}$$

Neben dem Differenzdruck Δp_{LG} im Lenkgetriebearbeitskoben ist das Steuerventil verlustbehaftet. Der Durchströmdruckverlust, der beim reinen Durchströmen des Steuerventils auftritt, lässt sich näherungsweise mit folgender Gleichung berechnen:

$$\Delta p_{SV,v} = \frac{1}{4} \cdot \frac{Q_{SYS}^2 \cdot \rho_{Öl}}{(\alpha_D \cdot A_V)^2} \qquad (4\text{-}18)$$

Für die einfache experimentelle quasistationäre Bestimmung des Druckverlusts im Steuerventil lässt sich der Druckverlust in Lenkradmittelstellung (ohne Servokraftunterstützung) in Abhängigkeit von dem Systemvolumenstrom Q_{SYS} messen. Diese Vorgehensweise soll im Rahmen dieser Arbeit Anwendung finden.

Leitungen

In den Hydraulikleitungen, denen auch die Druck- und Ansaugschläuche sowie Kühlleitungen zugeordnet sind, entstehen in Folge hydraulischer Reibung Druckverluste.
Da die Geschwindigkeit der Strömung in der Leitung aufgrund der Förderstromregelung gering ist, können nach Stoll [Sto-92] Strömungsverhältnisse in den Leitungen als laminar angenommen werden. Der Druckverlust in den Leitungen setzt sich dabei aus zwei Anteilen zusammen. Der erste Anteil bezieht sich auf die Leitungsverluste in einer geraden Leitung und kann nach dem Hagen-Poiseuille'schen Gesetz beschrieben werden. Der zweite Teil bezieht sich auf den Druckverlust, der durch die Krümmungen verursacht wird. Gleichung 4-19 fasst die Leitungsverluste zusammen, siehe [Fin-06].

$$\Delta p_{HL,v} = \frac{8 \cdot \eta_{öl} \cdot L \cdot Q_{SYS}}{\pi \cdot r_i^4} + \frac{\sum_\alpha (n_\alpha \cdot \zeta_\alpha) \cdot \rho_{Öl} \cdot Q_{SYS}^2}{2 \cdot \pi^2 \cdot r_i^4} \qquad (4\text{-}19)$$

Dabei bezeichnet $\eta_{Öl}$ die dynamische Ölviskosität, L die Leitungslänge, r_i den Innenradius der Leitung, $\rho_{Öl}$ die Öldichte, n_α die Anzahl der Krümmungen bei dem Krümmungswinkel α und ζ_α die dazugehörigen Druckverlustfaktoren. Der Ausdruck in der Klammer bezeichnet folglich die Summe der Druckverlustfaktoren in den Krümmungen $\Sigma_\alpha n_\alpha \zeta_\alpha$.

Ölbehälter und Ölfilter

Ein weiterer Druckverlust im Lenksystem entsteht durch den integralen Ölfilter im Ölbehälter, der die Aufgabe besitzt, Partikel, die größer als 5- 20 µm sind, aus der Hydraulikflüssigkeit herauszufiltern. Der Druckverlust ist im weitestgehenden Sinn durch eine Parallelschaltung von n_p Drosseln mit einem Drosselquerschnitt A_p beschreibbar, woraus neben filterspezifischen Größen (z. B. Porengröße) als einflussstarker Parameter der Systemvolumenstrom Q_{SYS} identifiziert werden kann.

$$\Delta p_{\ddot{O}F,v} = \frac{\rho_{\ddot{o}l}}{2} \cdot \left(\frac{Q_{SYS}}{n_P \cdot \alpha_D \cdot A_P} \right)^2 \tag{4-20}$$

In der Praxis werden die Filterdruckverluste von Herstellern als Kennfeld in Abhängigkeit von Filtertyp und Systemvolumenstrom angegeben, siehe unter anderem in [Zfl-08b].

Hydrauliköl

Neben den hydraulischen Komponenten ist das Verhalten des Lenkungsöls zu beschreiben, welches außer dem Energietransport die Aufgaben der Wärmeableitung und der Schmierung übernimmt. Dabei ist insbesondere das Viskositätsverhalten des Lenkungsöls aufgrund des starken Einflussverhaltens zu beschreiben. Aus der Druckverlustgleichung der Hydraulikleitung geht hervor, dass die Viskosität des Lenkungsöls einen hohen Einfluss auf die hydraulischen Verluste besitzt. Des Weiteren sei auf den Einfluss der Viskosität auf den Wirkungsgrad der LHP und auf den des Lenkgetriebes hingewiesen, da die Viskosität einerseits die innere hydraulische Reibung und andererseits das Leckageverhalten beeinflusst. Genauere Untersuchungen des Einflusses auf den Wirkungsgrad finden sich unter anderem Schweder *et al.* [Sch-04] und Neveu *et al.* [Nev-08] wieder.

Die dynamische Viskosität $\eta_{\ddot{O}l}$ kann in Abhängigkeit von der kinematischen Viskosität $\nu_{\ddot{O}l}$ und von der Öldichte $\rho_{\ddot{O}l}$ durch folgenden Zusammenhang beschrieben werden, siehe [Fin-06]:

$$\eta_{\ddot{O}l} = \nu_{\ddot{O}l} \cdot \rho_{\ddot{O}l} \tag{4-21}$$

Während das Medium im vorhandenen Druckbereich nach Bootz [Boo-04] als inkompressibeles Medium betrachtet werden darf, ist die Temperaturabhängigkeit durch folgenden Zusammenhang beschreibbar:

$$\rho_{\ddot{o}l}(T_{\ddot{O}l}) = \rho_{15°C} - a \cdot (T_{\ddot{O}l}[°C] - 15°C) \tag{4-22}$$

Das Temperaturverhalten der Viskosität lässt sich gemäß [Fin-06] nach der Ubbelohde-Beziehung beschreiben:

$$\nu_{\ddot{o}l} = \frac{10^{10^K}}{10^{10^{m \cdot \log T_{\ddot{O}l}}}} - C \tag{4-23}$$

Die Öltemperatur lässt sich in Abhängigkeit von weiteren Systemparametern beschreiben. Da in späteren Entwicklungsphasen Szenarien unterschiedlicher Betriebsstrategien mittels Simulation zu vergleichen sind, bei denen das Abkühlverhalten während des elektrischen Lenkens bereits berücksichtigt werden soll, bietet sich die Beschreibung der Öltemperatur mittels eines Thermikmodells für den hydraulischen Kreislauf an.

Durch die inneren hydraulischen Verluste entsteht ein anteiliger Wärmeeintrag in das Hydrauliköl. Zusammen mit dem Systemvolumenstrom ergibt sich daraus ein Wärmestrom, dessen thermisches Gleichgewicht in einer Differentialgleichung nach Findeisen [Fin-06] beschrieben werden kann. Innerhalb dieser Gleichung werden der Wärmeeintrag in das Hydrauliköl, die Wärmekapazität sowie der Wärmeaustausch mit der Umgebung berücksichtigt.

Die Wärmekapazität C_{th} ergibt sich dabei aus dem im Lenksystem befindlichen Ölvolumen $V_{Öl}$ und dem spezifischen Stoffkennwert $\rho \cdot c_{Öl}$. Der Wärmeaustausch mit der Umgebung wird vom Wärmedurchgangsleitwert G_d bestimmt. Dieser setzt sich aus den Wärmeübergangskoeffizienten $\alpha_{th,1/2}$ zwischen Fluid und Wandmaterial, Wandmaterial und Luft sowie der Wärmeleitfähigkeit der übertragenden Lenkungskomponenten λ und deren Kontaktflächen A_{th} zusammen. Eine Aufsummierung der Wärmedurchgangsleitwerte aller Lenkungskomponenten ergibt einen zusammenfassenden Wärmedurchgangsleitwert. Das Prinzip des Thermikmodells ist in Abbildung 4.7 zusammenfassend dargestellt.

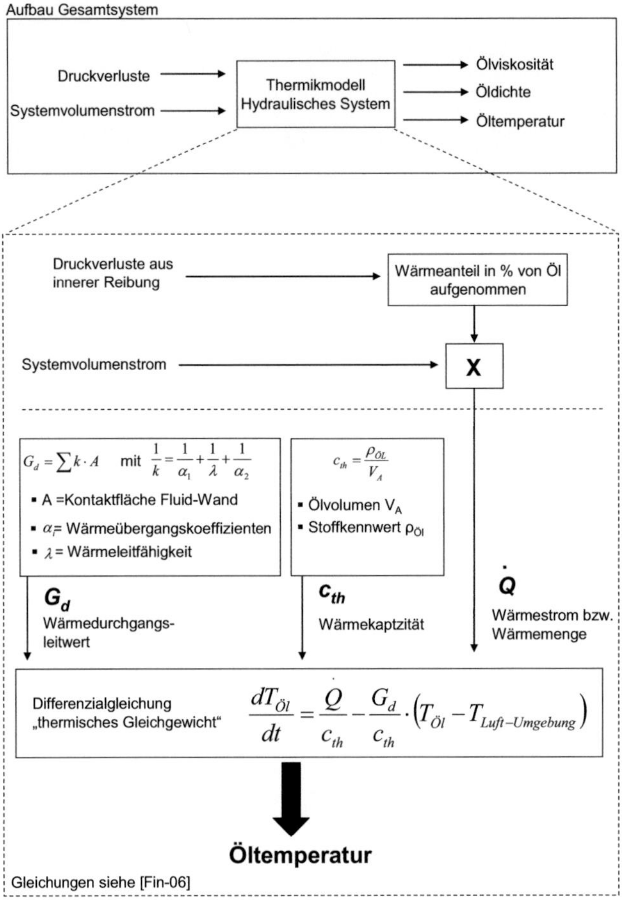

Abb. 4.7: Thermikmodellbeschreibung der Lenköltemperatur

4.2.3 Elektrische Lenkhilfe

Für die vollständige Betrachtung des Leistungsflusses in der elektrischen Lenkhilfe wird die gesamte Energiebilanzkette von der anteiligen mechanischen Antriebsleistung des Generators bis zum Lenkgetriebeausgang berücksichtigt.

Die für den Betrieb des elektrischen Stellers benötigte Energie wird vom Generator durch Wandlung der mechanischen in elektrische Energie aufgebracht. Der Zusammenhang zwischen mechanischer Antriebsleistung $P_{Gen,mech}$ und abgegebener elektrischer Leistung

$P_{Gen,el}$ wird durch Generatorkennfelder von Herstellern beschrieben, die den Wirkungsgrad in Abhängigkeit von den Größen Motordehzahl n_{mot}, Generatorübersetzung i_{Gen}, Generatorstrom I_{Gen} und Temperatur T_{Gen} angeben.

$$\eta_{Gen} = \frac{P_{Gen,el}(n_{mot}, i_{Gen}, I_{Gen}, T_{Gen})}{P_{Gen,mech}} \tag{4-24}$$

Bei elektromechanischen Lenksystemen kommen integrale Einheiten zum Einsatz, die sich aus einem Steuergerät (ECU), einer Leistungselektronik, einem E-Motor und einer Übersetzung zwischen Motorausgangswelle und Lenkgetriebeeingangswelle zusammensetzen. Als E-Motor kommen in elektromechanischen Lenksystemen vorwiegend Asynchronmaschinen zum Einsatz, wobei die Entwicklungstrends aufgrund des besseren Wirkungsgrades und der Leistungsdichte in Richtung permanenterregter Synchronmaschinen gehen, siehe u. a. in Hanitsch [Han-08].

Die Leistungselektronik besitzt die Aufgabe, aus einer Gleichspannung die Drehfrequenz des Aktors zu erzeugen und stufenlos zu verändern, den Drehstrom je nach gefordertem Drehmoment einzustellen und die Richtung des Drehstroms vorzugeben. Dabei entstehen in der Leistungselektronik bei der Umwandlung Ventilverluste. Die elektrische Maschine besitzt die Aufgabe, die elektrische Energie in ein mechanisches Servomoment umzuwandeln. Dabei wird der Wirkungsgrad des elektrischen Motors stark von den auftretenden Verlusten, die sich aus Verlusten im Stromkreis, im magnetischen Kreis und den mechanischen Reibverlusten im Elektromotor zusammensetzen, geprägt. Des Weiteren sind bei der Leistungsbetrachtung mechanische Reibverluste der Übersetzung zwischen dem Elektromotor und der Lenkgetriebeeingangswelle zu berücksichtigen.

Die mathematisch-physikalische Beschreibung der Leistungsbilanz eines elektrischen bürstenlosen Motors und dessen Leistungselektronik führt zu aufwändigen Ersatzmodellen, siehe unter anderem in Schröder [Sch-07], sodass in der Literatur für Zwecke der Modellbildung der elektrischen Leistungsaufnahme $P_{E\text{-}Motor}$ meist eine vereinfachte Vorgehensweise für die quasistationäre Beschreibung vorgenommen wird, siehe Gleichung 4-25. Die Leistungsbilanz $P_{E\text{-}Motor}$ schließt neben der eigentlichen Leistungsaufnahme des E-Motors auch die Leistungsverluste der Leistungselektronik ein, die von der Höhe der gesteuerten Leistung abhängt.

$$P_{E-Motor} = U \cdot I = U \cdot \left(\left(k_1 + k_2 \cdot \dot{\delta}_{LW} \cdot i_{Aktor}\right) \cdot \frac{M_{servo}}{i_{Aktor} \cdot i_{LG}} + k_3 \cdot \left(\frac{M_{servo}}{i_{Aktor} \cdot i_{LG}} \right)^2 + I_{LE} \right) \quad (4\text{-}25)$$

Die Gesamtleistungsbilanz der elektrischen Lenkhilfe ergibt sich unter Berücksichtigung des Generatorwirkungsgrades zu Gleichung 4-26.

$$P_{servo,elektr} = \frac{P_{E-Motor}}{\eta_{Gen}} \quad (4\text{-}26)$$

4.2.4 Leistungsbilanzbeschreibung

Nach der Beschreibung der einzelnen Systemelemente können im Folgenden die Grundgleichungen für die Gesamtleistungsbilanzen des konventionellen sowie des hybriden Lenksystems aufgestellt werden.

Ihre Formulierung erfolgt für die einzelnen Betriebszustände (Use Cases) *„rein elektrisches Lenken“* und *„hydraulisches Lenken“*. In Abbildung 4.8 ist nochmals die Wirkweise des hybriden Lenksystems für die einzelnen Use Cases dargestellt. Im Falle des elektrischen Lenkens ist der Systemvolumenstrom der hydraulischen Lenkhilfe reduziert, wodurch die Ventilkennlinie über den gesamten Lenkmomentenbereich Null ist. Die komplette Servounterstützung wird durch die elektrische Lenkhilfe in Abhängigkeit von dem Momentensensorwert der elektrischen Lenkhilfe bereitgestellt. Im Falle des rein hydraulischen Lenkens erfolgt die Lenkunterstützung vergleichbar zum konventionellen Lenksystem. Für diesen Fall wird die elektrische Kennlinie über den gesamten Eingangsmomentenbereich auf Null gesetzt.

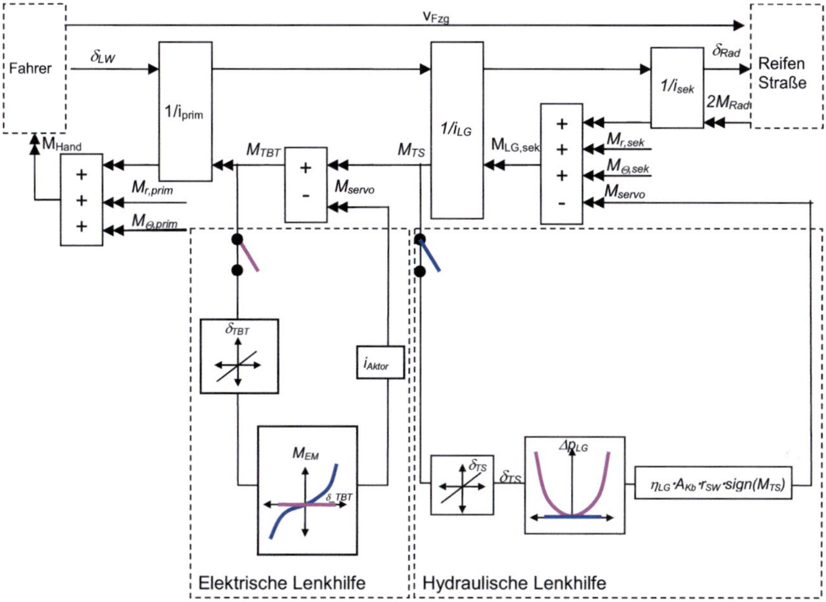

Abb. 4.8: Wirkweise des hybriden Lenksystems: in blau ist der Betriebszustand des elektrischen Lenkens, in magentafarben der Betriebszustand des hydraulischen Lenkens dargestellt.

Konventionelles OC-Lenksystem

Die Leistungsbilanz des konventionellen Lenksystems wird zur Potenzialabschätzung der unterschiedlichen hybriden Systemkonfigurationen benötigt und dient als Referenz.

Das OC-Lenksystem besitzt lediglich den Betriebszustand „hydraulisches Lenken“. Die Grundgleichung der Gesamtleistungsbilanz ergibt sich aus dem Produkt des LHP-Drucks und des von der Pumpe erzeugten Fördervolumenstroms.

Der Druck setzt sich aus dem eigentlichen Servodruck, der über die Steuerventilkennlinie vom Handmoment abhängt, und dem Gesamtdruckverlust $\Sigma\Delta p_{v,i}$, bestehend aus den Leitungs-, Steuerventil- und Ölfilterdruckverlusten, zusammen. Das Fördervolumen der Lenkhelfpumpe ist insbesondere von der Motordrehzahl abhängig:

$$P_{ges,H-Lenken} = \left(\frac{|M_{servo}|}{A_{Kb} \cdot r_{SW} \cdot \eta_{LG}} + \sum_i \Delta p_{v,i} \right) \cdot \frac{Q_{SYS}}{\eta_{LHP}} \tag{4-27}$$

Dabei beschreibt $\Delta p_{v,i}$ die Druckverluste in den einzelnen Lenkungskomponenten Leitung ($\Delta p_{HL,v}$), Steuerventil ($\Delta p_{SV,v}$) und Ölfilter ($\Delta p_{ÖF,v}$).

Hybrides Lenksystem

Bei den hybriden Systemkonfigurationen muss bei der Leistungsbilanzierung zwischen dem elektrischen und hydraulischen Lenken unterschieden werden. Es kann zusammenfassend geschrieben werden:

Elektrisches Lenken:

$$P_{servo,elektr} = \frac{U}{\eta_{Gen}} \cdot \left(\left(k_1 + k_2 \cdot \dot{\delta}_{LW} \cdot i_{Aktor}\right) \cdot \frac{|M_{servo}|}{i_{Aktor} \cdot i_{LG}} + k_3 \cdot \left(\frac{M_{servo}}{i_{Aktor} \cdot i_{LG}}\right)^2 + I_{LE} + I_{VM} \right) + \frac{Q_{SYS}}{\eta_{LHP}} \cdot \sum_i \Delta p_{v,i} \tag{4-28}$$

Dabei bezeichnet das Produkt aus *U* und dem Ausdruck in der äußeren Klammer in dem ersten Summand die Leistungskennlinie E-Lenken (P_{El}). Der zweite Summand berücksichtigt die hydraulischen Verluste während des elektrischen Lenkens.

Hydraulisches Lenken:

$$P_{servo,hydr} = \left(\frac{|M_{servo}|}{A_{Kb} \cdot r_{SW} \cdot \eta_{LG}} + \sum_i \Delta p_{v,i} \right) \cdot \frac{Q_{SYS}}{\eta_{LHP}} + \frac{U \cdot I_{LE}}{\eta_{Gen}} \tag{4-29}$$

Die Leistungsbilanz des hydraulischen Lenkens ist bzgl. des Anteils der hydraulischen Lenkhilfe grundsätzlich mit der des konventionellen Lenksystems identisch, siehe Gleichung 4-27. Ferner sind jedoch die Verluste der elektrischen Steuereinheit der elektromechanischen Lenkhilfe bei der Leistungsbilanzierung zu berücksichtigen.

4.3 Entwurf der Betriebsstrategie

Die Leistungsreduktion durch das hybride Lenksystem soll durch eine intelligente Betriebsstrategie als integraler Bestandteil der verbrauchsreduzierten Lenkung realisiert werden. Die Betriebsstrategie besitzt die Aufgabe, auf Basis des geforderten Servounterstützungsbedarfs die Art der Lenkhilfe gemäß dem Energieverbrauch auszuwählen. Während bei hohen Lenkkräften das hydraulische Servounterstützungsteilsystem die notwendige Servounterstützung bereitstellt, erfolgt in Fahrsituationen mit geringer notwendiger Servounterstützung eine Reduzierung des hydraulischen Volumenstroms, sofern dadurch ein energetisch günstigerer Betrieb erzielt wird.

Die Leistungsreduktion durch die Elektrifizierung wird dadurch erreicht, dass in Betriebssituationen, in denen rein elektrisch gelenkt wird, durch die aktive Ansteuerung des Volumenstromverstellmechanismus der Volumenstrom reduziert wird und alle hydraulischen Senken hinter der Pumpe wegfallen. Die Anforderung an die Betriebsstrategie soll folgendermaßen definiert werden:

Ziel der Betriebslogik ist es, die geforderte Servounterstützung stets nach dem Gesichtspunkt der minimalen Leistungsaufnahme bereitzustellen. Dabei sind die nutzungsprofil-, systemdesign- und fahrzeugspezifische Parameter zu berücksichtigen.

Nutzungsprofilspezifische Parameter

Unter den nutzungsprofilspezifischen Parametern sind jene Parameter zu verstehen, die unmittelbar von der Fahrsituation abhängen. Aus den Leistungsbilanzen lassen sich als zentrale nutzungsprofilspezifische Parameter das *Handmoment*, die *Lenkradwinkelgeschwindigkeit* und die *Motordrehzahl* ableiten. Das *Handmoment*, welches im Falle des Betriebszustandes „hydraulisches Lenken“ vom Torsionsstab und im Falle des „elektrischen Lenkens“ vom Drehmomentensensor detektiert wird, prognostiziert über die Unterstützungskennlinie fortlaufend den Bedarf an notwendiger Lenkhilfe. Neben dem Handmoment stellt die *Lenkradwinkelgeschwindigkeit* einen nutzungsprofilspezifischen Parameter dar, da sie den notwendigen Systemvolumenstrom im Falle des hydraulischen Lenkens und den Strombedarf des elektrischen Motors im Falle des elektrischen Lenkens beeinflusst, siehe Gleichung 4-17. Die *Motordrehzahl* besitzt als weitere Größe Einfluss auf die Blindverluste der hydraulischen Lenkhilfe und ist im Rahmen des Betriebsstrategieentwurfs zu berücksichtigen. Ferner lassen sich als weitere Größen, auf die der Fahrer durch sein Nutzungsprofil Einfluss besitzt, der Betriebspunkt des Generators (Laststrom und Temperatur), sowie die Öltemperatur nennen. Das Einflussverhalten der jeweiligen Parameter wird in Kapitel 5 thematisiert.

Systemdesignspezifische Parameter

Unter den systemdesignspezifischen Parametern sind jene Parameter zu verstehen, die unmittelbar von der Systemkonfiguration des hybriden Lenksystems und des aktiven Volumenstromverstellmechanismus abhängen. Dazu zählt beispielsweise das maximal zulässige elektrische Servomoment, welches von der Leistungsfähigkeit des elektrischen Stellers abhängt, oder spezifische Parameter des aktiven Volumenstromverstellmechanismus, u. a. die Halteleistung der Trennkupplung oder die Druckverluste in den einzelnen Pumpenkonzepten. Die systemdesignspezifischen Parameter werden in der Betriebsstrategielogik im Rahmen des Leistungsbilanzvergleiches berücksichtigt.

Fahrzeugspezifische Parameter

Unter den fahrzeugspezifischen Parametern versteht man im Rahmen dieser Arbeit alle veränderlichen baumuster- und baureihenspezifische Parameter, die Einfluss auf die Leistungsbilanz des hybriden Lenksystems besitzen. Dazu zählen beispielsweise die geometrischen und stofflichen Eigenschaften der Hydraulikverrohrung, die Einfluss auf die Druckverluste und die Thermik des Lenkungsöls besitzen.

Betriebsstrategie

Abbildung 4.9 veranschaulicht den Entwurf der leistungsgeführten Betriebsstrategie auf Basis zweier Entscheidungsebenen. Wird eine Servounterstützung M_{servo} vom Fahrer angefordert, die über den Lenkmomentensensor unter Berücksichtigung des Betriebszustands des aktiven Volumenstromverstellmechanismus detektiert wird, erfolgt ein Abgleich mit dem maximal möglichen elektrischen Servomoment $M_{servo,grenz}$.

Dabei liegt $M_{servo,grenz}$, das dauerhaft vom E-Motor aufgebracht werden kann, unterhalb des möglichen Spitzenmoments des E-Motors. Somit kann während eines Aufbaus des hydraulischen Lenkmoments, d.h. der so entstehenden Totzeit, ein Lenkmoment vom E-Motor in seinem Überlastbetrieb bereitgestellt werden.

Es sei an dieser Stelle anzumerken, dass das geforderte Servomoment sich auch durch die Lenkradwinkelgeschwindigkeit prognostiziert werden kann. Ebenso wäre es vorstellbar, dass der Servounterstützungsbedarf durch umfelderfassende Sensorik, wie beispielsweise einer Kamera mit Spuralgorithmus oder ein navigationsgestütztes System prognostiziert werden kann, siehe [DE-42].

Auf Basis dieses Abgleichs wird entschieden, ob die Servounterstützung durch das elektrische oder das hydraulische Servounterstützungsteilsystem bereitgestellt werden kann. Kann die Servounterstützung durch das elektrische System bereitgestellt werden, wird auf einer weiteren Entscheidungsebene anhand des Vergleichs der Leistungsbilanz für das elektrische und hydraulische Lenken entschieden, in welchem Modus gelenkt wird. Die Lenkhilfe wird nach dem Kriterium der geringsten Leistungsaufnahme bereitgestellt.

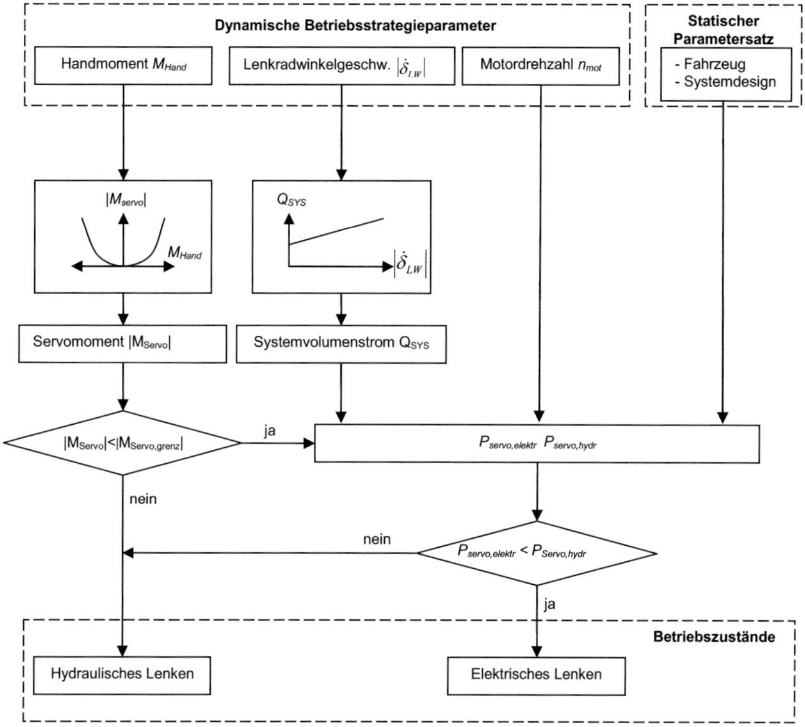

Abb. 4.9: Leistungsgeführte Betriebsstrategie

Die genaue Kenntnis über das Zusammenwirken der einzelnen Parameter ist für die optimale Abstimmung und damit für die maximal erreichbare Systemperformance entscheidend. Die Bestimmung der Abbildungsgenauigkeit der einzelnen Parameter im Modell und deren Validierung im Experiment ist Bestandteil des nächsten Kapitels.

5. Modellierungs- und Validierungsstrategie

Nach den vorangegangenen Erläuterungen zur Bildung eines detaillierten Systemverständnisses und dem Entwurf einer leistungsgeführten Betriebsstrategie befasst sich dieses Kapitel mit einer neuartigen Modellierungs- und Validierungsstrategie.
Ziel ist die Erstellung einer validierten quasistationären Simulationsmodellumgebung, in der unterschiedliche Systemkonfigurationen des hybriden Lenksystems auf ihre Leistungsreduktion (Energieverbrauch) gegenüber dem konventionellen Lenksystem in Abhängigkeit von unterschiedlichen Lastzyklen bewertet werden können.
Zur Erstellung der Simulationsumgebung kommt eine Modellierungs- und Validierungsstrategie zum Einsatz, die den Modellierungsprozess dahingehend systematisiert, dass in Hinblick auf einen effizienten Entwicklungsprozess die Modellierung und Validierung für eine geforderte vorgegebene Modellgüte unter dem Aspekt des minimalen Entwicklungsaufwands durchgeführt wird und auch sichergestellt wird, dass die geforderte Modellgüte erreicht wird. Dabei werden vorhandene und verfügbare Ressourcen im Entwicklungsbereich berücksichtigt. Der Aufwand der einzelnen Validierungsstufen wird unter Berücksichtigung des Aspekts, welche Mittel bereits im Entwicklungsbereich verfügbar sind, z. B. bereits existierende experimentelle Versuchsumgebungen (Prüfstände, Erprobungsträger), vorhandenes Wissen aus Vorgängerprojekten, etc., minimiert. Als Ergebnis liegt nunmehr eine konkrete Modellierungs- und Validierungsroadmap vor, die die endgültige Modellierungsart und -tiefe im Modell sowie deren experimentelle Validierungsvorgehensweise vorgibt.

5.1 Vorgehensweise

Abbildung 5.1 zeigt die Vorgehensweise der Modellierungs- und Validierungsstrategie.
Die *Sensitivitätsanalyse* beschreibt die Änderung der Leistungsbilanz in Abhängigkeit von der Änderung eines Parameters, das heißt einer bestimmten prozentualen Abweichung des Parameters. Das Ziel der Sensitivitätsanalyse ist die Ableitung einer ersten Prioritätsliste hinsichtlich der Parametereinflussstärke auf die Leistungsbilanz. Bei der *Charakterisierung von Modellierungs- und Validierungsstufen* werden den einzelnen Parametern unterschiedliche konkrete Modellierungs- und Validierungsstufen zugeordnet und für die einzelnen Stufen sowohl eine Güte- als auch eine Aufwandsabschätzung für die Modellierung und Validierung durchgeführt.

Modellierungs- und Validierungsstrategie
Sensitivitätsanalyse
▪ *Bestimmungsgenauigkeit des Einflussverhaltens jedes Parameters auf die Leistungsbilanz*
Charakterisierung von Modellierungs- und Validierungsstufen
▪ *Bestimmung von Modellierungs- und Validierungsstufen* ▪ *Abschätzung der erreichbaren Genauigkeit* ▪ *Abschätzung des Aufwands für die Validierung der Parameter*
Erstellen der Modellierungs- und Validierungsmatrix und des Algorithmus
▪ *X: Eintrag der Ergebnisse aus der Sensitivitätsliste (schematische Ungenauigkeit)* ▪ *Y: Eintrag der Ergebnisse aus der Charakterisierung der Modellierungs- und Validierungsstufen* ▪ *Erstellung von Zwangsbedingungen und Erstellen des Modellierungs- und Validierungsalgorithmus* ▪ *Vorgabe der Mindestvalidierungsgüte* ▪ *Berechnung des Validierungsvorgehens nach dem minimalen Aufwand*
Versuchsplanung und Versuchsdurchführung
▪ *Versuchsplanung und Versuchsdurchführung* ▪ *Bestimmung der Modellgüte*

Abb. 5.1: Vorgehensweise für die Modellierungs- und Validierungsstrategie

Die *Validierungsmatrix* fasst die Ergebnisse der beiden vorigen Stufen zu einer ganzheitlichen Matrix zusammen. Ein *Modellierungs- und Validierungsalgorithmus*, dessen Eingangsgröße unter anderem die geforderte Mindestgüte für das Gesamtmodell darstellt, berechnet die Kombination von Modellierungs- und Validierungsstufen, die für das Erreichen des Ziels den geringsten Gesamtaufwand darstellt. Die *Versuchsplanung und Versuchsdurchführung* stellt den letzten Schritt dar. Aus den Ergebnissen der Versuchsdurchführung können iterativ die vorab abgeschätzten Aussagen verifiziert und verbessert werden. Die Ergebnisse stehen dann für das laufende Projekt oder für Folgeprojekte als vorhandenes Wissen zu Verfügung. In den weiteren Unterkapiteln werden die einzelnen Stufen der Modellierungs- und Validierungsstrategie beschrieben und für die Modellierung und Validierung des hybriden Lenksystems angewendet.

5.1.1 Sensitivitätsanalyse

In der Sensitivitätsanalyse werden für alle Parameter differenzielle Bestimmungsungenauigkeiten angenommen und deren Auswirkung auf die Gesamtleistungsbilanz berechnet. Es wird eine relative Abweichung des Nominalleistungsbedarfs wie folgt berechnet:

$$\Delta P_{nom,rel,i} = \frac{P_{nom}(SP_i + \Delta SP_i) - P_{nom}(SP_i)}{P_{nom}(SP_i)} \tag{5-1}$$

Die Sensitivitätsanalyse wird bei einer bestimmten Sensitivitätsklasse durchgeführt. Dabei bedeutet Sensitivitätsklasse, für welche prozentuale Abweichung der verschiedenen Parameter der Einfluss auf die Leistungsbilanz betrachtet wird.

In Abbildung 5.2 wird für das hybride Lenksystem die Sensitivitätsklasse 15% dargestellt. Das bedeutet, dass der Wert von ΔSP_i 15% des Wertes von SP_i beträgt.

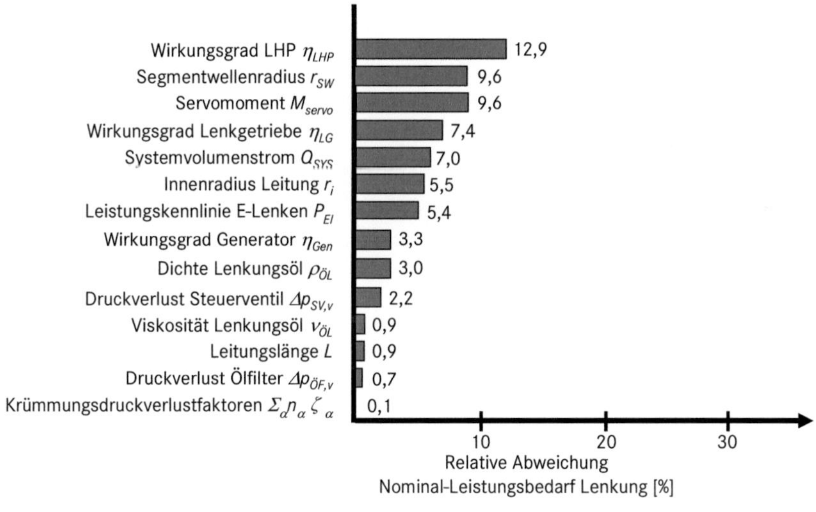

Abb. 5.2: Ergebnis der Sensitivitätsanalyse für die Sensitivitätsklasse 15%

Dabei sind in der Sensitivitätsanalyse die Systemparameter aufgeführt, die die Leistung des elektrischen und des hydraulischen Lenkens beeinflussen und im System veränderlich sind, siehe Gleichungen 4-28 und 4-29.

Die Sensitivitätsanalyse wurde dabei auf den durchschnittlichen Betriebszustand (M_{servo} = 300 Nm, Motordrehzahl n_{mot} = 1100 U/min) bezogen, der aus Lastkollektiven im Rahmen von Voruntersuchungen und aus einem Vergleich mit Lastkollektiven aus der Literatur, siehe Brunner [Bru-08], definiert wurde und dessen Systemparameter in Voruntersuchungen mittels einer Minimal-, Nominal- und Maximalwertbetrachtung abgeschätzt wurden. Die Werte sind dem Anhang [A1] zu entnehmen.

5.1.2 Charakterisierung von Modellierungs- und Validierungsstufen

Nach der Durchführung der Sensitivitätsanalyse, die den Einfluss einer differenziellen Bestimmungsungenauigkeit eines Systemparameters auf die Gesamtleistung ermittelt, werden im Folgenden für die einzelnen Systemparameter *Modellierungs- und Validierungsstufen* definiert. Dabei werden für die einzelnen Systemparameter die Modellierungsgüte G_{SP} und der Modellierungs- und Validierungsaufwand A_{SP} in Abhängigkeit von der Modellierungsart *MA* und von der Validierungsumgebung *VU* abgeschätzt.

Die einzelnen Systemparameter können in einem quasistationären Modell in unterschiedlichen Abbildungsgenauigkeiten abgebildet werden. Dazu werden Modellierungsarten unterschiedlicher Abbildungsgenauigkeit für das Modell definiert.
Die Modellierart mit dem geringsten Detaillierungsgrad in einem quasistationären Modell stellt die Annahme eines Konstantwertes bei allen Betriebszuständen dar. Die Modellierungsart des nächst höheren Abbildungsgrades ergibt sich in der Abbildung des Parameters in Abhängigkeit von dem einflussstärksten Parameter in Form einer Kennlinie. Erfolgt die Abbildung eines Parameters in einem noch höheren Abbildungsgrad, erfolgt die Abbildung des Parameters in Abhängigkeit von einem mehrdimensionalen Kennfeld.
Zusammenfassend soll folgende Konvention verwendet werden, siehe Tabelle 5.1:

Tab. 5.1: Klassifikation der Modellierungsart

Modellierungsart (MA)	**Parameterabbildung**
KW	Konstantwert
KL	Kennlinie
KF	Mehrdimensionales Kennfeld

Die Validierung der Systemparameter kann auf unterschiedliche Art und Weise erfolgen. Die Validierungsumgebung soll dabei folgendermaßen klassifiziert werden, siehe Tabelle 5.2:

Tab. 5.2: Klassifikation der Validierungsumgebung

Validierungsumgebung (VU)	Parameterabbildung
PE-x	Prüfeinrichtung x
ET-x	Erprobungsträger x
WI	Wissensdatenbank oder externe Informationsbeschaffung x

Die Modellierungsgüte G_{SP} bezeichnet die Abbildungsgenauigkeit des jeweiligen Parameters im Modell und wird im Rahmen dieser Arbeit folgendermaßen definiert:

$$G_{SP} = 1 - \frac{\Delta SP_{\max}}{SP_i} \tag{5-2}$$

Dabei bezeichnet $\Delta SP_{\max}$ die maximale Abweichung des Systemparameterwerts vom im Modell abgebildeten nominalen Parameterwert SP_i.

Des Weiteren ist eine Aufwandsabschätzung für die Modellierung und Validierung des jeweiligen Parameters für die einzelnen Modellierungs- und Validierungsarten durchzuführen. Der Aufwand A_{SP} für die Modellierung und Validierung eines Parameters stellt ein zeitliches und/oder geldliches Mittel dar und wird im Rahmen dieser Arbeit als dimensionslose Aufwandseinheit angegeben. Der Aufwand lässt sich dabei aus der betrieblichen Praxis auf Grundlage der Kostenplanung ableiten.
Der Aufwand A_{SP} wird in verschiedene Aufwandsanteile unterteilt, siehe Gleichung 5-3.

$$A_{SP} = A_{Aufbau} + A_{Adapt} + A_{Mess} + A_{Ausw} \tag{5-3}$$

Der Anteil A_{Aufbau} stellt den Aufwand für die Erstellung der Prüfumgebung zur Validierung des Parameters dar. Der Aufwand für den Aufbau ist gleich Null zu setzen, wenn bereits eine Prüfumgebung im Entwicklungsbereich existiert, die für die Validierung des betreffenden Parameters genutzt wird, oder wenn aufgrund einer externen Informationsbeschaffung auf einen Prüfstandsaufbau verzichtet werden kann. A_{Adapt} stellt den Aufwandsanteil für die Adaption der Prüfumgebung dar und umfasst den konstruktiven und fertigungstechnischen Aufwand. Den Aufwand für die eigentliche Messdurchführung unter Berücksichtigung der Betriebskosten der Prüfumgebung berücksichtigt A_{Mess}. Die Auswertung der Messergebnisse und die Implementierung des Modells in die Modellumgebung werden durch den Aufwandsanteil A_{Ausw} berücksichtigt. In letzterem Aufwandsanteil ist auch der Aufwand berücksichtigt, der entsteht, wenn Informationen extern beschafft und anschließend für die Modellumgebung aufbereitet werden.

Im Folgenden wird diese Vorgehensweise am Beispiel des Lenkhelfpumpenwirkungsgrads angewendet.

Tabelle 5.3 zeigt dazu für den Lenkhelfpumpenwirkungsgrad die Modellierungs- und Validierungsstufen nebst der Aufwandsabschätzung.

Tab.5.3: Validierungsstufen für den Lenkhelfpumpenwirkungsgrad und Aufwandsabschätzung

Parameter	Modellierungsart	Validierungumgebung	Vorgehensweise	Modellierungs-güte G_{SP}	Aufwand A_{Aufbau}	A_{Adapt}	A_{Mess}	A_{Ausw}	A_{SP}
η_{LHP}	KW	WI	Konstantannahme (aus technischem Datenblatt Lieferant)	20%	0	0	0	0,5	**0,5**
	KL	WI	Kennlinienermittlung in Abh. von n_{LHP} (aus Kennfeld des Lieferanten)	75 %	0	0	0	1	**1**
	KF	WI	Mehrdimensionales Kennfeld in Abh. von n_{LHP}, p_{LHP} (aus Kennfeld des Lieferanten)	80%	0	0	0	1,5	**1,5**
	KF	PE	Ermittlung eines 3D-Kennfeldes in Abh. von p_{LHP}, n_{LHP}, $T_{Öl}$ durch Vermessung der LHP am vorhandenen Nebenaggregatprüfstand	99,2%	0	40	12	3	**55**

Die Modellierungs- und Validierungsstufe mit dem geringsten Detaillierungsgrad stellt die Konstantannahme des Lenkhelfpumpenwirkungsgrads dar. Wird der Wirkungsgrad über alle Betriebszustände als konstant angenommen, so ist nach der Bewertungsmatrix für diesen Parameter lediglich eine geringe Validierungstiefe mit einer niedrigen Modellierungsgüte zu erreichen. Die erreichbare Modellierungsgüte lässt sich anhand des vom LHP-lieferanten ausgewiesenen Kennfeldes ermitteln. Aus dem vom Pumpenlieferant zur Verfügung gestellten Pumpenkennfeld für eine konventionelle LHP konnte ein Wirkungsgradbereich zwischen 0,3 – 0,9 ermittelt werden, wobei sich im normalen Betriebszustand der Pumpenwirkungsgrad auf ca. 0,5 beläuft. In Voruntersuchungen von Weber [Web-08] wurden diese

Werte weitestgehend bestätigt. Daraus lässt sich für eine Konstantannahme des Wirkungsgrades über den gesamten Nutzungsbereich lediglich eine Modellierungsgüte von 20% für den Parameter berechnen. Die Aufwandskoeffizienten A_{Aufbau}, A_{Adapt} und A_{Mess} ergeben sich für diese Validierungsstufe zu Null, da es sich hierbei um eine Information aus dem technischen Datenblatt handelt. Der Aufwand für die Informationsbeschaffung durch Anfrage beim Zulieferer und der Implementierungsaufwand des Konstantwerts in dem Simulationsmodell stellt sich als gering dar. Folglich wird ein halber Aufwandspunkt für die Auswertung berechnet. Die nächste Validierungsstufe, die gegenüber der Konstantannahme einen höheren Detaillierungsgrad und entsprechend einen Gütegewinn darstellt, besteht in der Abbildung des Wirkungsgrades in Abhängigkeit von der Pumpendrehzahl n_{LHP}, wobei die Parameter Druck und Temperatur konstant gehalten werden. Für die Drehzahl und die Öltemperatur wird ein konstanter Wert angenommen. Daraus ergibt sich für den Wirkungsgrad eine Modellierungsgüte von ca. 75%. Durch die Berücksichtigung des Drucks p_{LHP} in einer weiteren Modellierungsstufe kann die Güte nochmals um ca. 5 % auf insgesamt ca. 80 % gesteigert werden. Da vom Zulieferer ein Kennfeld bei Nominaltemperatur zur Verfügung gestellt wurde, werden für diese Validierungsstufen keine experimentellen Untersuchungen benötigt. Der Aufwand reduziert sich auf die Auswertung des vorhandenen Kennfelds und die Implementierung der Daten in die Simulationsumgebung. Im Falle der Berücksichtigung des Drucks ohne Abhängigkeit von der Drehzahl ist im Modell eine Kennlinie zu hinterlegen. Dazu werden für die Implementierung der Kennlinie 1 Aufwandspunkt und für die zweite Modellierungs- und Validierungsstufe 1,5 Aufwandspunkte veranschlagt.

Die höchste Validierungsgüte ergibt sich in der Vermessung der LHP an einem im Entwicklungsbereich vorhandenen Nebenaggregateprüfstand unter zusätzlicher Berücksichtigung des Temperatureinflusses. Die Validierungsgüte richtet sich in diesem Fall vornehmlich nach der vorliegenden Sensorgüte, aus der diese nach dem Gesetz der Gaußschen Fehlerfortpflanzung ermittelt werden kann. Für die Modellierungsgüte wurde, da man hier annimmt, alle Einflussgrößen auf den Parameter grundlegend berücksichtigt zu haben, ein Wert von 99,2% berechnet. Da bereits ein Nebenaggregatprüfstand im Entwicklungsbereich für die Messdurchführungen zur Verfügung steht, reduziert sich der Aufwand auf den Adaptionsaufwand der Prüfumgebung (A_{Adapt} = 40 für die Pumpenflanschanpassung, den Hydraulikanschluss, die Sensorintegration und Messsoftwareparametrierung), den Aufwand für die Messdurchführung (A_{Mess} = 12), und den Aufwand für die Auswertung und Implementierung der mehrdimensionalen Matrix als experimentelles Black-Box-Modell in die Simulationsumgebung (A_{Ausw} = 3).

Die einzelnen Modellierungs- und Validierungsstufen der restlichen Parameter sind dem Anhang [A2] zu entnehmen.

5.1.3 Erstellen der Modellierungs- und Validierungsmatrix

Durch Anwendung der oben beschriebenen Vorgehensweise für alle zu validierenden Systemparameter des Simulationsmodells kann eine *gesamtheitliche Modellierungs- und Validierungsmatrix* erstellt werden, deren Aufbau Abbildung 5.3 zeigt.

Die Anordnung der Parameter in horizontaler Richtung erfolgt nach der aus der Sensitivitätsanalyse ermittelten Einflussstärke auf die Leistungsbilanz, links beginnend mit dem einflussstärksten Parameter und rechts endend mit dem einflussschwächsten Parameter.

Nach unten hin sind die Validierungsstufen mit steigendem Detaillierungsgrad dargestellt.

Die einzelnen Zellen enthalten Informationen zu *MA*, *VU*, G_{SP} und A_{SP}.

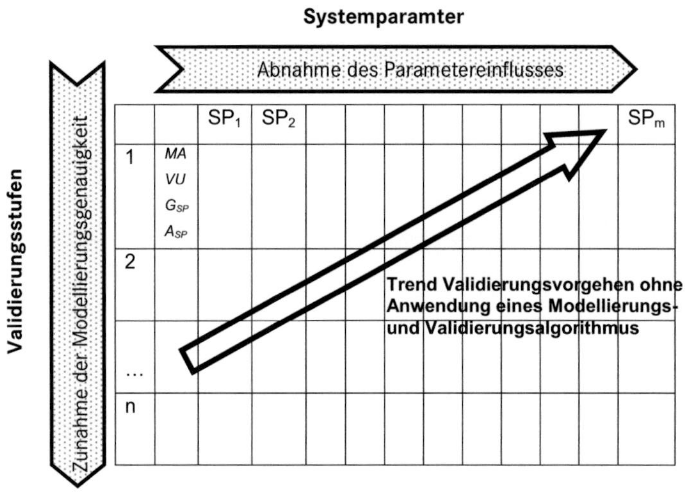

Abb. 5.3: Aufbau der Validierungsstrategie und Trendrichtung bei der Modellierung und Validierung

Um eine hohe Gesamtgüte des Modells unter dem Aspekt des minimalen Aufwands zu erlangen, ist grundsätzlich eine Vorgehensweise anzustreben, bei der die einflussreichsten Parameter mit einem höheren Detaillierungsgrad zu modellieren sind als weniger einflussstarke Parameter.

Bei *m* Parametern mit jeweils n_P Validierungsstufen ergeben sich somit K_v Validierungskombinationsmöglichkeiten:

$$K_v = \prod_{i=1}^{m} n_{P,i} \tag{5-4}$$

Für die systematische Auswahl der Lösung mit dem geringsten Entwicklungsaufwand wurde im Rahmen dieser Arbeit ein *Modellierungs- und Validierungsalgorithmus* mit folgenden Zwangsbedingungen erstellt:
Die vom Modell berechnete Gesamtmodellgüte G_M hat entweder einen gleich großen oder einen größeren Wert anzunehmen als die mindest geforderte Modellgüte $G_{M,min}$, siehe Gleichung 5-5. Dabei bezeichnet $\Delta P_{SP,i}$ die jeweilige absolute Bestimmungsungenauigkeit des einzelnen Parameters bezogen auf die nominale Servoleistung P_{nom}.

$$G_M = 1 - \sum_{i=1}^{m} \frac{\Delta P_{SP,i}}{P_{nom}} \overset{!}{\geq} G_{M,\min} \qquad (5\text{-}5)$$

Die zweite Zwangsbedingung besteht in der Optimierungsfunktion nach dem Gesichtspunkt des minimalen Gesamtmodellierungs- und Validierungsaufwands A_{MV}.

$$A_{MV} = \sum_{i=1}^{m} A_{SP,i} \overset{!}{=} \min \qquad (5\text{-}6)$$

Im Folgenden soll die Methode der Modellierungs- und Validierungsstrategie am Beispiel des hybriden verbrauchsreduzierten Lenksystems Anwendung finden.

Abbildung 5.4 stellt das Ergebnis der Modellierungs- und Validierungsstrategie des verbrauchsreduzierten hybriden Lenksystems dar. Dabei sind die Systemparameter gemäß ihres Einflussverhaltens auf den nominalen Leistungsbedarf des hybriden Lenksystems angefangen von dem einflussstärksten Parameter „Wirkungsgrad der LHP“ bis hin zum einflussschwächsten Parameter „Druckverlust der Leitungskrümmungen“ eingetragen.
Für die experimentelle Validierung wurden ein bereits verfügbarer Nebenaggregateprüfstand zur Vermessung der LHP-Parameter PE-1, ein neu zu errichtender Lenkgetriebeprüfstand PE-2 sowie ein bereits verfügbarer Erprobungsträger ET-1 für die Vermessung der Lenkgetriebeparameter als mögliche experimentelle Validierungsumgebungen identifiziert. Für die Ermittlung des Servomoments in Abhängigkeit von verschiedenen Einsatzprofilen wurden als mögliche Lösungen die Ausstattung eines weiteren Erprobungsträgers ET-2 mit Straßenzulassung mit einer Lenkgetriebedrucksensierung, oder aber die Berechnung des Servomoments über ein nichtlineares Einspurmodell und Integration eines Lenkkraftmodells anhand der verfügbaren CAN-Größen „Fahrgeschwindigkeit und Lenkradwinkel“ des ET-2

identifziert. Des Weiteren wurden unterschiedliche Abbildungsgenauigkeiten von Systemparametern, die bereits aus Wissensdatenbanken zur Verfügung stehen, definiert.
Eine ausführliche Charakterisierung der einzelnen Modellierungs- und Validierungsstufen unter Angabe der Aufwandsabschätzung und der Validierungsumgebung findet sich im Anhang [A2] in tabellarischer Form. Es sei an dieser Stelle anzumerken, dass sich weitaus mehr Modellierungs- und Validierungsstufen für die einzelnen Systemparameter erstellen lassen. In der Abbildung sind diejenigen Modellierungs- und Validierungsstufen enthalten, die sich als mögliche umsetzbare Lösungen im Rahmen des Entwicklungsprojekts ergaben.
Insgesamt gibt es 4478576 Kombinationsmöglichkeiten der Modellierungs- und Validierungsstufen für die betrachteten Parameter, bei 5353 Kombinationen ergibt sich eine Modellgüte von ≥90%. Die in Abbildung 5.4 blau hinterlegten Flächen zeigen für eine 90%-ige Modellgüte, die im Rahmen des Entwicklungsprojekts als Zielgüte festgelegt wurde, die Kombination mit dem geringsten Gesamtaufwand, der 147 beträgt. Bei der Kombination mit dem nächst höheren Gesamtaufwand beläuft sich dieser auf 189, der wiederum nächst höhere Gesamtaufwand beträgt 195 und beispielsweise an zehnter Stelle in der Reihenfolge der optimalen Kombinationen beträgt der Gesamtaufwand 210. Daraus wird ersichtlich, dass das Auffinden der Kombination mit dem geringsten Gesamtaufwand mittels des Algorithmus für die Aufwandsminimierung bedeutend ist.
Im Folgenden soll die Kombination mit dem geringsten Gesamtaufwand näher betrachtet werden. Aus dem Ergebnis geht hervor, dass die Lenkhelfpumpenparameter „Wirkungsgrad und Systemvolumenstrom“ an einem bereits verfügbaren Nebenaggregateprüfstand zu validieren sind. Des Weiteren zeigt sich, dass auf einen neu zu errichtenden Lenkgetriebeprüfstand, bei denen beispielsweise der Lenkgetriebeparameter „Wirkungsgrad“ in einer hohen Güte bestimmt werden kann, verzichtet werden darf. Stattdessen sind diese Parameter am Erprobungsträger ET-1 bei geringerer Güte auf Kosten der genaueren Bestimmung weniger einflussreicher Parameter, z. B. der sehr genauen Abbildung der Krümmungsdruckverlustfaktoren in den Leitungen, zu validieren.
Ein Entwicklungsingenieur mit intuitiver Vorgehensweise ohne Verwendung des Optimierungs- und Validierungsalgorithmus würde dazu tendieren, die einflussreichen Parameter mit großer Genauigkeit zu validieren und weniger einflussreiche Parameter ungenauer zu validieren. Zur genauen Validierung der einflussreichen Parameter würde der Entwicklungsingenieur einen Lenkgetriebeprüfstand aufbauen, was einen vergleichsweise hohen Aufwand zur Folge hätte.

Abnahme des Parametereinflusses →

Zunahme der Modellierungstiefe ↓

		Wirkungsgrad LHP η_{LHP}	Segmentwellenradius r_{SW}	Servomoment M_{servo}	Wirkungsgrad Lenkgetriebe η_{LG}	Systemvolumenstrom Q_{SYS}	Innenradius Leitung r_i	Leistungskennlinie E-Lenken P_{El}	Wirkungsgrad Generator η_{Gen}	Dichte Lenkungsöl $\rho_{Öl}$	Druckverlust Steuerventil $\Delta p_{SV,v}$	Viskosität Lenkungsöl $\nu_{Öl}$	Leitungslänge L	Druckverlust Ölfilter $\Delta p_{ÖF,v}$	Krümmungsdruckverlustfaktor $\Sigma_{\alpha}\eta_{\alpha}\zeta_{\alpha}$
1	MA VU G_{SP} A_{SP}	KW WI 20 0,5	KW WI 90 0,5	KL WI 90 60	KW WI 94 0,5	KW WI 80 0,5	KW WI 70 0,5	KL ET-1 90 19	KW WI 83 0,5	KW WI 87 0,5	KW WI 50 0,5	KW WI 25 0,5	KW WI 50 1	KW WI 50 0,5	KW WI 50 0,5
2	MA VU G_{SP} A_{SP}	KL WI 75 1	KL WI 99,9 3,5	KL ET-2 99 30	KL PE-2 99 82	KL PE-1 94 3,5	KW WI 75 1,5	KL PE-2 96 50	KL WI 90 1	KL WI 96 5	KL ET-1 85 2	KL WI 95 5	KW WI 90 1,5	KL WI 90 1	KL WI 80 3
3	MA VU G_{SP} A_{SP}	KF WI 80 4,5				KL PE-1 96 7	KW WI 99,9 4,5	KF PE-2 97,5 82	KF WI 98 1,5	KF WI 98 6	KF ET-1 90 2,5	KL WI 98 6	KW WI 99,9 4,5	KL WI 97 1,5	KL WI 97 6
4	MA VU G_{SP} A_{SP}	KF PE-1 99,2 55				KF PE-1 99 55			KF WI 99,9 2		KF PE-2 99 75				-
5											-				

Ergebnis:

1. Kombination bei Verfügbarkeit ET-2 A_{MV}=147

2. Kombination bei Nicht-Verfügbarkeit ET-2 A_{MV}=394

Modellierungsart (MA): KW: Konstantwert, KL: Kennlinie, KF: mehrdimensionales Kennfeld
Validierungumgebung (VU): PE-1: vorhandener Nebenaggregateprüfstand, PE-2: neu zu errichtender Lenkgetriebeprüfstand
ET-1: Erprobungsträger hybrides Lenksystem, ET-2 Erprobungsträger Referenzfahrzeug mit Lenkgetriebedrucksensierung
WI: Wissensdatenbanken
Güte (G): [%]
Aufwand (A): [dimensionslos]
(violett) Entwicklungseffizienteste Kombination für eine Modellgesamtgüte von 90%
(türkis) Abweichende Modellierungs- und Validierungsstufen bei Nicht-Verfügbarkeit von ET-2 für eine Modellgesamtgüte von 90%

Abb. 5.4: Modellierungs- und Validierungsmatrix des Energieflussmodells des hybriden Lenksystems

Da in der frühen Entwicklungsphase für die Lastzyklusaufnahme lediglich ein Erprobungsträger ohne Drucksensierung des hydraulischen Lenkgetriebes zur Verfügung stand, mit dem das geforderte Servomoment mit verhältnismäßig geringem Aufwand und einer hohen Güte abgeleitet werden kann, sollte zusätzlich eine Modellierungs- und Validierungskombination unter folgender Zwangsbedingung durchgeführt werden. Mit der Zwangsbedingung „keine Verfügbarkeit des Erprobungsträgers 2 (ET-2) mit einer Lenkgetriebedrucksensierung und Berechnung des Servomoments mit Hilfe eines nichtlinearen Einspurmodells und Lenkkraftmodells mit Abbildung der Steuerventilkennlinie“ wurde eine weitere Modellierungs- und Validierungskombination nach dem Aspekt des minimalen Modellierungs- und Validierungsaufwands berechnet. Die abweichenden Modellierungs- und Validierungsschritte sind in der Abbildung türkis dargestellt. Es zeigt sich, dass die höhere Bestimmungsungenauigkeit des Parameters „Servomoment“ (90% anstatt 99%) durch die genauere Vermessung der Lenkgetriebeparameter an einem neu zu errichtenden Lenkgetriebeprüfstand zu kompensieren sind. Vergleicht man den Gesamtaufwand beider Kombinationen, so ergibt sich bei der Kombination „Erprobungstäger ohne Drucksensierung zur Bestimmung des Servomoments“ mit einem Gesamtaufwand von 394 gegenüber der Kombination „Erprobungsträger mit Drucksensierung zur Bestimmung des Servomoments“ 147 ein deutlicher Mehraufwand.

5.2 Simulationsmodellumgebung

Auf Basis der Erkenntnisse der Modellierungs- und Validierungsstrategie wurde eine Simulationsmodellumgebung aus vier Teilmodellen konzipiert und im Programm Matlab/Simulink implementiert, siehe Abbildung 5.5.

Da, wie bereits erwähnt, in der frühen Entwicklungsphase kein Fahrzeug mit einer Drucksensierung für die Aufzeichnung von realen Lastzyklen zu Verfügung stand, wurde die Servomomentenberechnung zunächst über ein nichtlineares Einspurmodell und über das Lenkkraftmodell 1 berechnet. Dem nichtlinearen Einspurmodell, welches ein einfaches Fahrzeugmodell, siehe unter anderem in Zomotor [Zom-91], darstellt, werden die Größen Fahrgeschwindigkeit und Lenkradwinkel übergeben und daraus das am Lenkgetriebeausgang wirkende Rückstellmoment berechnet. Im Rahmen dieser Arbeit soll auf die detaillierte Beschreibung des Fahrzeugmodells nicht eingegangen werden, da auf ein bereits validiertes nichtlineares Einspurmodell mit einem implementierten Pajejca-Reifenmodell und einer Abbildung der kinematischen Übersetzungen des Lenkstrangs und der Trägheits- und Reibungseffekte im Lenkstrang, siehe Operin [Ope-05], zurückgegriffen werden konnte.

Im Lenkkraftmodell 1 erfolgt gemäß Abbildung 4.8 (hydraulisches Lenken) die Modellierung des Servomoments.

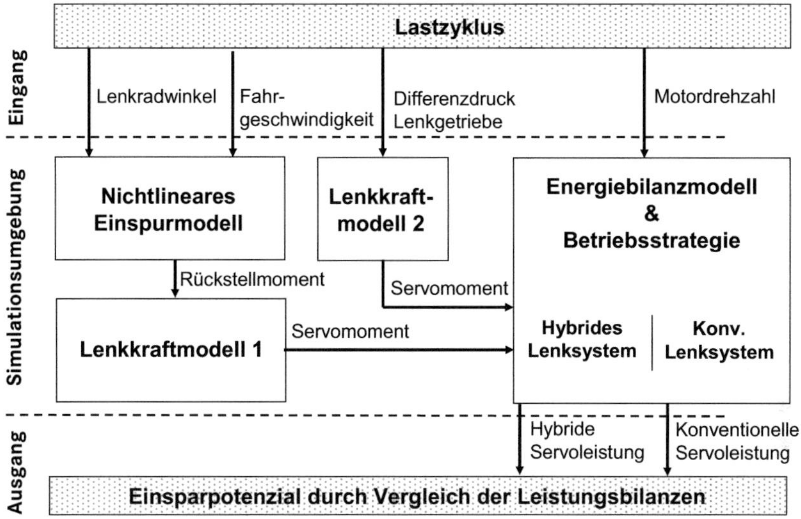

Abb. 5.5: Simulationsmodellumgebung

Im späteren Entwicklungsverlauf konnte ein Erprobungsträger mit konventionellem Lenksystem mit einer Lenkgetriebedruckdifferenzsensierung zwischen Druck- und Rücklaufseite ausgestattet werden. Dadurch wurde ermöglicht, dass das Servomoment im Lenkkraftmodell 2 durch Gleichung 4-15 berechnet werden konnte.
Der Gütegewinn gegenüber dem Einspurmodell ist vor allem dadurch charakterisiert, dass auch Störeinflüsse, wie beispielsweise Straßenunebenheiten, Seitenwind, etc., mit erfasst werden.

Das im Lenkkraftmodell 1 oder 2 ermittelte Servomoment und die Motordrehzahl aus dem Realfahrzyklus dienen dem Energiebilanzmodell des verbrauchsreduzierten Lenksystems als Eingangsgrößen. Dort wird gemäß der in Kapitel 4 beschriebenen Betriebsstrategie die Leistungsbilanz unter besonderer Berücksichtigung von nutzungsprofil-, fahrzeug- und systemkonfigurationsspezifischen Parametern berechnet, deren Modellierungsart und Validierungsumgebung gemäß den Ergebnissen der Modellierungs- und Validierungsstrategie in Tabelle 5.4 nochmals zusammengefasst sind:

Tab. 5.4: Ergebnis der Modellierungsart der einzelnen Parameter des hybriden Lenksystems

Komponente	Parameter	MA	VU
Lenkhelfpumpe	Wirkungsgrad η_{LHP}	KF(p_{LHP}, n_{LHP}, $T_{Öl}$, $Q_{sys,soll}$) gemäß Gleichung 4.12	PE-1: Nebenaggregateprüfstand für Konventionelle LHP WI für Bypasspumpe und Verstellpumpe
	Systemvolumenstrom Q_{sys}	KL($Q_{sys,soll}$)	WI: Technisches Datenblatt Lenkgetriebe
Lenkgetriebe	Lenkgetriebeübersetzung i_{LG}	KL(δ_{LW})	WI: Technisches Datenblatt Lenkgetriebe
	Servomoment M_{servo}	Lenkkraftmodell 1: KF (Einspurmodellparametersatz + Steuerventil KF($M_{TS}, \dot{\delta}_{LW}$)) Lenkkraftmodell 2: KL(Δp_{LG})	WI: Modellbibliothek + Technisches Datenblatt Lenkgetriebe Validierungs des Modells am ET-1 ET-2 Erprobungsträger
	Wirkungsgrad η_{LG}	KW	WI: Technisches Datenblatt Lenkgetriebe
	Druckverlust Steuerventil	KL(Q_{sys}, $T_{Öl}$)	ET-2: Erprobungsträger
Leitungen	Leitungsinnenradius r_i	KW	WI DMU-Analyse
	Leitungslänge L	KW	WI DMU-Analyse
	Krümmungsdruckverlust-faktoren $\Sigma n_{\alpha} \zeta_{\alpha}$	KW	WI DMU-Analyse
Ölfilter	Druckverlust $\Delta p_{ÖF,V}$	KL(Q_{sys})	WI Einzelkennlinien über Q_{sys} Technisches Datenblatt
Elektrischer Strombedarf	Leistungskennlinie E-Lenken P_{el} (inkl. Strombedarf für aktiven Volumenstrom-verstellmechanismus)	KL(M_{servo}) + KW für Volumenstromverstellmechanismus	Erprobungsträger ET-1
Generator	Generatorwirkungsgrad η_{Gen}	KF(n_{Gen},I_{Gen},T_{Gen})	WI Technisches Datenblatt Generator

5.3 Design der experimentellen Versuchsumgebung

Aus der Ermittlung der Modellierungs- und Validierungsvorgehensweise unter dem Aspekt des minimalen Gesamtaufwands leitet sich das experimentelle Versuchsdesign inklusive der zu wählenden Prüfeinrichtung und der Versuchsvorschrift ab.
Mit dem Ziel, eine Validierung von 90% für die Modellumgebung der verbrauchsreduzierten hybriden Lenkung zu erreichen, wird für die Validierung des Modells auf einen Erprobungsträger sowie auf einen Komponentenprüfstand zurückgegriffen. Des Weiteren werden Informationen direkt aus zur Verfügung stehenden technischen Datenblättern, Informationen von Zulieferern und Informationsdatenbanken, zum Beispiel der DMU-Datenbank (Digital Mock-Up), entnommen.
Aufgrund des deutlichen Mehraufwands für die Errichtung eines neuen Lenkgetriebeaufbaus gegenüber der Ausstattung des Erprobungsträgers ET-2 wurde im Rahmen des Entwicklungsprojekts auf den Aufbau eines Lenkgetriebeprüfstands für die Vermessung des Lenkgetriebewirkungsgrades verzichtet. Stattdessen wurde die Sensierung des Erprobungsträgers ET-2 mit einer Drucksensierung des Lenkgetriebes realisiert und die experimentelle Validierung nach dieser Kombination ausgerichtet.

5.3.1 HIL-Konzept

Für die Validierung der hydraulischen Komponenten des Lenksystems wird auf eine bereits existierende Prüfeinrichtung des Forschungsbereichs der Daimler AG zurückgegriffen, die es erlaubt, Nebenaggregate zu vermessen. In einem Prüflabor mit einer integrierten Zentralhydraulikanlage wurde zu diesem Zweck ein Nebenaggregateprüfstand entwickelt, dessen Hydromotor eine Antriebsleistung von 60 kW besitzt und der in einem Drehzahlbereich von 0-6000 U/min bei einer Drehmomentabgabe von 90 Nm betrieben werden kann. Des Weiteren verfügt der Prüfstand über einen integrierten Drehmoment- und Drehzahlsensor. Über einen Flansch kann die LHP direkt vom Hydromotor angetrieben werden. Die technischen Daten des Prüfstands finden sich zusammenfassend im Anhang [A3].
Auf Basis der oben beschriebenen Prüfeinrichtung wurde im Rahmen dieser Arbeit ein modulares Prüfstandskonzept entworfen und realisiert, bei dem ein modifizierbarer, geschlossener Hydraulikkreislauf mit den Komponenten LHP, Druckleitungen, Drossel, Ölbehälter und den Rückflussleitungen sensiert wird, siehe Abbildung 5.6.

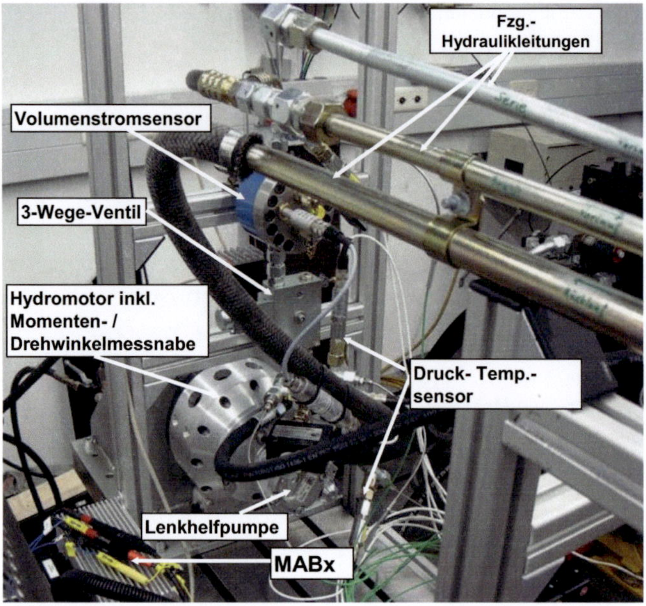

Abb. 5.6: PE-1 Nebenaggregateprüfstand

Der Prüfstand bietet die Möglichkeit, einen Großteil der hydraulischen Komponenten der hydraulischen Lenkhilfe durch Modifikation und Erweiterung des Prüfstands außerhalb der Fahrzeugumgebung zu validieren. Dabei können statische Belastungsfälle gezielt definiert und die Komponenten unter reproduzierbaren Bedingungen vermessen werden. Der große Vorteil der Integration der Komponenten in einer Prüfstandsumgebung zeigt sich insbesondere in den vielfältigen Variationsmöglichkeiten eines modularen Prüfstandaufbaus und der Anordnung der Messsensoriken. Der Aufbau ist so gestaltet, dass variabel unterschiedliche Hydraulikleitungen (Variation von Längen, Innendurchmessern und Krümmungen) in den hydraulischen Kreislauf integriert werden können. An Druck- und Temperaturmessstellen unmittelbar vor und hinter der gewählten Leitung befinden sich jeweils ein Temperatur- und ein Drucksensor. Der Lenkgetriebedruck wird über eine an die Hochdruckleitung angeschlossene hydraulische Drossel nachgebildet. Hierbei kann durch das Verstellen des Drosselquerschnitts (manuell) ein beliebiger Gegendruck auf die LHP eingestellt werden. Von der Drossel wird der hydraulische Volumenstrom über Rückflussleitungen in einen Ölbehälter geführt. Um den Durchströmverlust am Ölbehälter zu validieren, sind auch hier Druck- und Temperatursensoren angebracht. Aus dem Ölbehälter wird das Hydrauliköl über eine Saugleitung zurück zur LHP geführt. An der Ansaugseite der Pumpe sind wiederum ein Temperatur- und Drucksensor angebracht. Somit ist der Differenzdruck zwischen Druck- und Ansaugseite der LHP messbar. Ein schematisches Blockschaltbild des Prüfaufbaus findet sich in Abbildung 5.7.

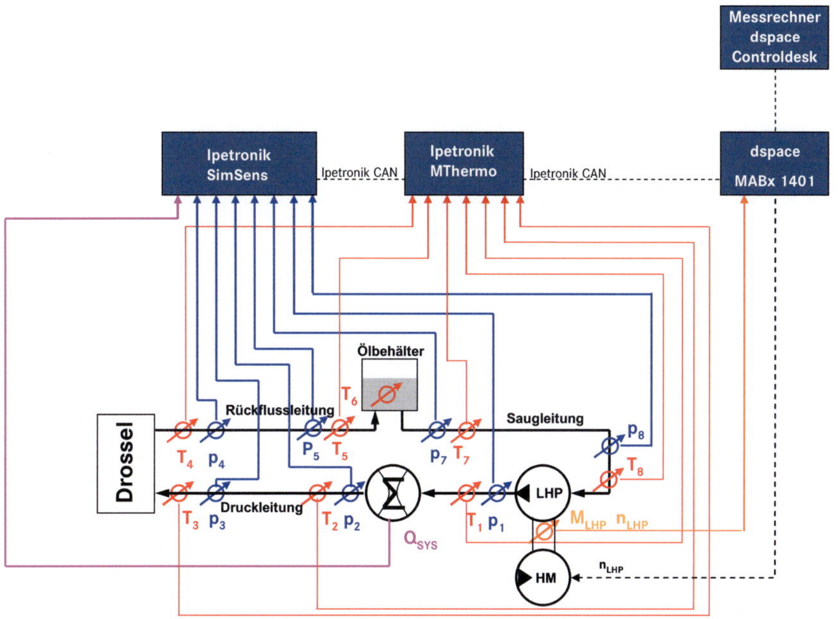

Abb. 5.7: Erweitertes HIL-Prüfstandskonzept

Die Ansteuerung und Signalerfassung des Prüfstands erfolgt über das RCP-System „Microautobox 1401 (MABx)" der Firma dspace. Dazu wurde in Simulink ein Drehzahlregler für die lastunabhängige Ansteuerung der LHP programmiert. Während die Drehzahl über ein PWM-Signal und das Drehmoment über eine analoge Spannung über die A/D-Schnittstelle der Microautobox erfasst wird, werden Druck-, Temperatur- und Volumenstromsignale über die CAN-Schnittstelle in die Microautobox eingelesen. Für die Signalaufbereitung von Druck-, Temperatur- und Volumenstromsignalen kommen Messverstärker der Firma Ipetronik zum Einsatz.

Über den Messrechner wird über die Programmoberfläche des Programms Controldesk der Firma dspace die Prüfbedingungen eingestellt sowie die im Versuch gewonnenen Ergebnisse visualisiert.

Neben der Parametervalidierung für die hydraulischen Komponenten und der Vermessung unterschiedlicher Pumpenkonzepte wurde der Prüfstand für die Verifizierung der Hydraulikleitungsdruckverluste konzipiert.

5.3.2 Erprobungsträger

Als weitere Versuchsumgebung kommt ein MB-Axor 1840 4x2 zum Einsatz, der im Rahmen dieser Arbeit als Erprobungsfahrzeug ET-1 für die Entwicklung der verbrauchsreduzierten Lenkung unter Mitberücksichtigung der Belange für die Validierung des Simulationsmodells aufgebaut wurde, siehe Abbildung 5.8.

Erprobungsträger ET-1: Axor 1840, 4x2

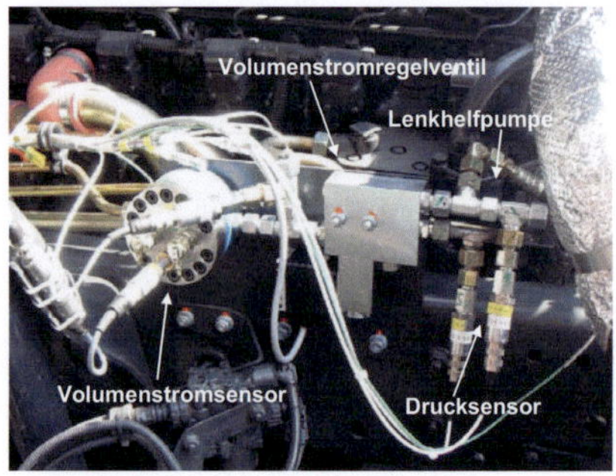

Auszug aus der Sensorik des hydraulischen Lenkkreises im Fahrzeug

Abb. 5.8: Erprobungsträger ET-1 [links], prototypischer aktiver Volumenstromverstellmechanismus und Sensorikeinbauten im hydraulischen Lenkkreis [rechts]

Am Messfahrzeug kann das hybride Lenksystem gesamtheitlich in Hinblick auf folgende Untersuchungsziele hin analysiert werden:

- Nachweis der gesetzlichen Vorschriften für Lenkanlagen nach ECE-R-79 [ECE-06] im Fehlerfall des hybriden Lenksystems
- Beherrschbarkeit des Fahrzeugs bei Systemfehler (zum Beispiel zu niedrige und zu hohe Lenkkraftunterstützung sowie fälschliches Lenkmoment) in Abhängigkeit von unterschiedlichen Drive Cases, die sich aus der Gefahren- und Risikoanalyse nach ISO 26262 ergeben.
- Untersuchung des Fail Safe Konzepts des hybriden Lenksystems als Ergebnis aus dem funktionalen und technischen Sicherheitskonzept des ISO 26262-Prozess
- Untersuchung und Optimierung des Lenkgefühls als Kundenakzeptanzkriterium in Abhängigkeit von unterschiedlichen Betriebsstrategien und Fahrsituationen
- Untersuchung des thermischen und akustischen Verhaltens des hybriden Lenksystems unter Realfahrbedingungen
- Analyse der elektrischen Leistungsaufnahme des elektrischen Stellers unter Realfahrbedingungen für die Auslegung des elektrischen Bordnetzes zukünftiger Fahrzeuge mit hybridem Lenksystem

- Untersuchung der hydraulischen Lenkenergie und des Lastkollektivs anhand des Lenkgetriebedrucks unter Realfahrbedingungen in Abhängigkeit von ausgewählten Drive Cases

Für die Funktionsdarstellung des „elektrischen Lenkens“ kam im frühen Entwicklungsstadium als elektrische Lenkhilfe ein eigens konstruierter Lenkungssteller mit einem permanenterregten Synchronmotor HT050002 der Firma Emoteque, gekoppelt mit einer Leistungselektronik SWM-50 der Firma Maccon zum Einsatz, siehe Abbildung 5.9.

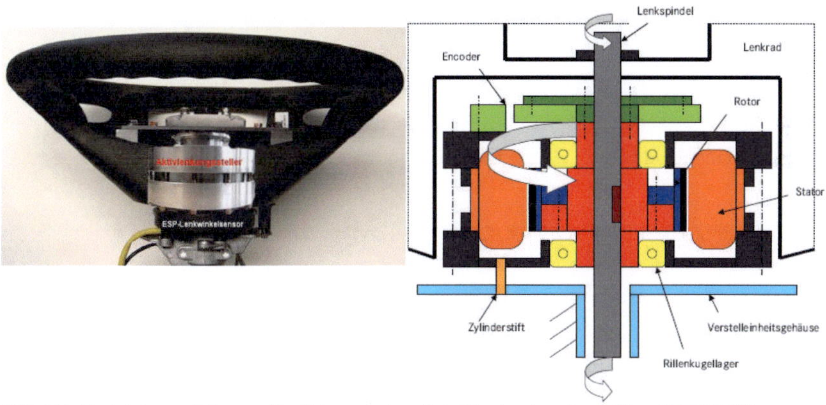

Abb. 5.9: Protototypensteller zur Realisierung eines hybriden Lenksystems [Bue-07], [DE 51]

Im Laufe der Untersuchungen wurde das Lenksystem durch ein hybrides integrales Lenksystem vom Typ Servotwin [Nut-07] der Firma ZF-Lenksysteme substituiert, siehe Abbildung 5.10.

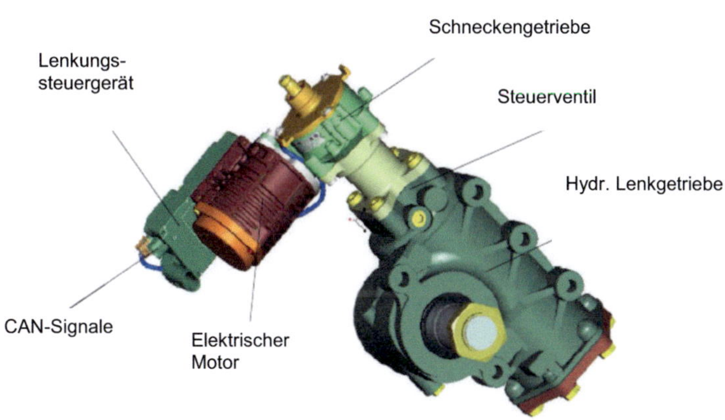

Abb. 5.10: Protototypensteller Servotwin (ZF-Lenksysteme GmbH)

Die Ansteuerung des Elektromotors erfolgt mittels einer Momentenvorgabe über eine CAN-Kommunikationsschnittstelle zwischen MABx und elektronischer Steuereinheit des E-Motors.

Als aktiver Volumenstromverstellmechanismus wurde im frühen Entwicklungsstadium auf der Hochdruckseite zwischen dem Ausgang der konventionellen LHP und dem Lenkgetriebeeingang ein elektrisch ansteuerbares 3-Wege-Proportional-Stromregelventil vom Typ EPSR3-20-SO-1-24V der Firma FluidTeam eingebaut, um eine Systemvolumenstromreduzierung im restlichen Lenksystemkreis zu ermöglichen und die Funktionalität des elektrischen Lenkens prototypisch darzustellen. Im weiteren Verlauf der Arbeit konnte eine elektrisch ansteuerbare Bypasspumpe der Firma Ixetic anstelle der konventionellen LHP und des 3-Wege-Proportional-Stromregelventils verbaut werden. Die Ansteuerung des aktiven Volumenstromverstellmechanismus der LHP erfolgt durch eine elektrische Stromvorgabe, die von einer Leistungselektronik der Firma Bürkert in Abhängigkeit von einer elektrischen Ansteuerspannung aus der MABx erzeugt wird.

Der hydraulische Lenkstrang wurde ähnlich dem Aufbau der Prüfumgebung PE-1 mit sechs Druck- und Temperatursensoren, sowie einem Volumenstromsensor sensiert.

Die elektrische Spannung und der Strom für den Betrieb der elektrischen Lenkhilfe (E-Motor, Leistungselektronik und Steuereinheit ECU) sowie der elektrische Leistungsbedarf für den Betrieb des aktiven Volumenstromverstellmechanismus wurde mit einem gemeinsamen Strom-/Spannungssensor der Firma Klaric vom Typ IMMOD-G0101-0000 - 750 A, 12 V sensiert.

Des Weiteren wurden das Handmoment und der Lenkradwinkel mittels eines LKW-Messlenkrads vom Typ CL-3 der Firma Caesar erfasst.

Die Ansteuerung der Aktorik und die Visualisierung der Messdaten erfolgte über einen an die MABx angeschlossenen Messrechner mit dem Programm Control-Desk der Firma dspace. Abbildung 5.11 stellt die Betriebsoberfläche dar.

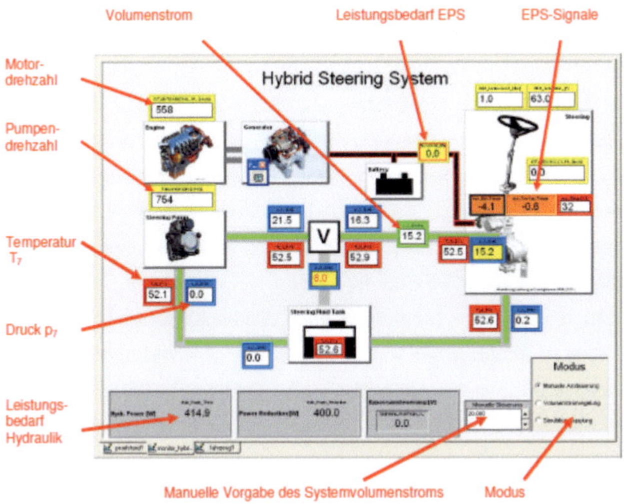

Abbildung 5.11: Control-Desk-Oberfläche des hybriden Lenksystems

Für die Aufzeichnung der Lastzyklen kam als Erprobungsträger ET-2 ein ausgeladener 40 t Sattelzug mit einer Sattelzugmaschine vom Typ MB-Actros 1840 4x2 zum Einsatz, der im Vergleich zum ET-1 mit einer baugleichen Druck- und Stromsensierung der Firma Klaric ausgestattet ist. Anstatt der Vermessung des elektrischen Stromverbrauchs der elektrischen Kennlinie wurde die Stromaufnahme im Generatorkennfeld vermessen.

5.4 Experimentelle Validierungsuntersuchungen

Im Folgenden werden die experimentellen Validierungsuntersuchungen für die einzelnen Parameter dargestellt. Dabei werden diejenigen Parameter des hybriden Lenksystems aus Tabelle 5.3 diskutiert, bei denen keine technischen Daten aus Wissensdatenbanken und Zuliefererinformationen unmittelbar in der notwendigen Güte beschafft werden konnten.

5.4.1 Lenkhelfpumpe

Die Lenkhelfpumpenparameter werden im Rahmen dieser Arbeit am Beispiel der konventionellen LHP dargestellt. Für die restlichen Pumpenkonzepte wurden Informationen von LHP-Herstellern bereitgestellt.

Wirkungsgrad LHP

Aus der Modellierungs- und Validierungsstrategie ist der Pumpenwirkungsgrad mittels eines Kennfelds in Abhängigkeit von den wichtigsten Betriebsparametern Druck, Drehzahl und Öltemperatur zu bestimmen. Die Bestimmung des Pumpenwirkungsgrades am Hydraulikprüfstand erfolgt über die Aufnahme des Volumenstromes Q_{SYS}, des Differenzdruckes an der LHP p_{LHP} der Pumpe, des Antriebsmoments M_{LHP} und der Antriebsdrehzahl n_{LHP} des Hydromotors.

Während des Validierungsprozesses des Lenkhelfpumpenwirkungsgrades wurden für drei Temperaturstufen und sechs Druckstufen mittels 17 Drehzahlstützpunkten Einzelkennlinien ermittelt und für die einzelnen Temperaturstufen Wirkungsgradkennfelder mittels der Rasterkennfeldmethode in Abhängigkeit von den Parametern Arbeitsdruck und Antriebsdrehzahl erstellt, die wiederum zu einer mehrdimensionalen temperaturabhängigen Matrix zusammengefügt wurden. Abbildung 5.12 stellt den Wirkungsgrad der LHP im ungeregelten Bereich für eine Öltemperatur von 80°C dar. Eine Vermessung der Pumpenparameter bei Drücken von über 80 bar war aufgrund des Prüfstandsdesigns nicht möglich, allerdings für den Wirkungsbereich des hybriden Lenksystems auch nicht notwendig.

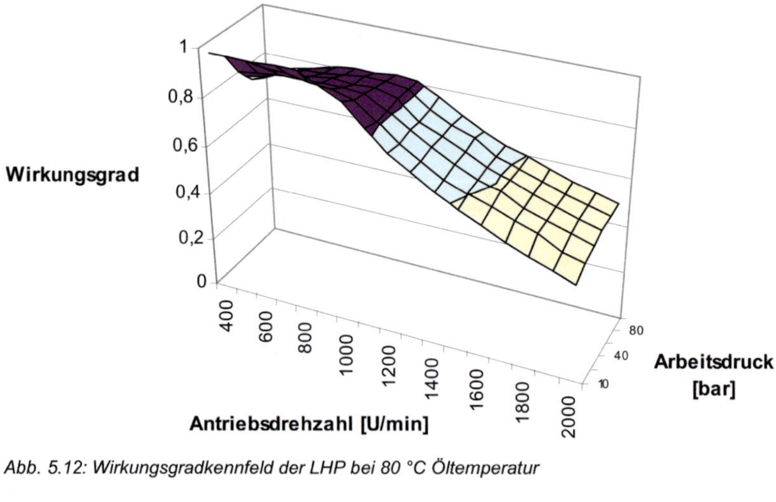

Abb. 5.12: Wirkungsgradkennfeld der LHP bei 80 °C Öltemperatur

Der Verlauf zeigt den starken Einfluss der Antriebsdrehzahl auf den Wirkungsgrad, was darauf zurückzuführen ist, dass der Systemvolumenstrom ab Erreichen einer bestimmten Antriebsdrehzahl abgeregelt wird.

Die Kennfelder bei den Temperaturen 60 und 100 °C sind dem Anhang [A4] zu entnehmen.

Systemvolumenstrom

Gemäß der Modellierungs- und Validierungsstrategie wurde die Abbildung des Systemvolumenstroms in Abhängigkeit von der Antriebsdrehzahl der LHP vorgeschlagen. Im Rahmen dieser Arbeit wurde abweichend von diesem Ergebnis der Systemvolumenstrom in einer höheren Modellierungs- und Validierungstiefe abgebildet, um einen kompensatorischen Effekt für den zu Beginn nicht vorhandenen drucksensierten Erprobungsträger und der daraus höheren Bestimmungsungenauigkeit des Systemparameters „Servomoment" zu leisten.

Eine genaue Bestimmung der Größe Q_{SYS} ist notwendig, da diese bei Überschreiten der Abregelgrenzdrehzahl den Volumenstrom in den restlichen hydraulischen Komponenten darstellt und maßgeblich den Geamtdruckverlust, der sich aus den Druckverlusten der einzelnen Komponenten zusammensetzt, beeinflusst. Entsprechend der Vorgehensweise bei den anderen Pumpenparametern wurden ausgehend von Einzelkennlinien Kennfelder für drei Temperaturstufen in Abhängigkeit von den Parametern Druck und Drehzahl erstellt. Abbildung 5.13 zeigt exemplarisch für eine Öltemperatur von 80 °C das gemessene Kennfeld in Abhängigkeit von Arbeitsdruck und Antriebsdrehzahl. Die Kennfelder bei den Temperaturen 60 und 100°C sind dem Anhang [A4] zu entnehmen. Dort lässt sich insbesondere die zunehmende Leckage mit steigender Temperatur erkennen.

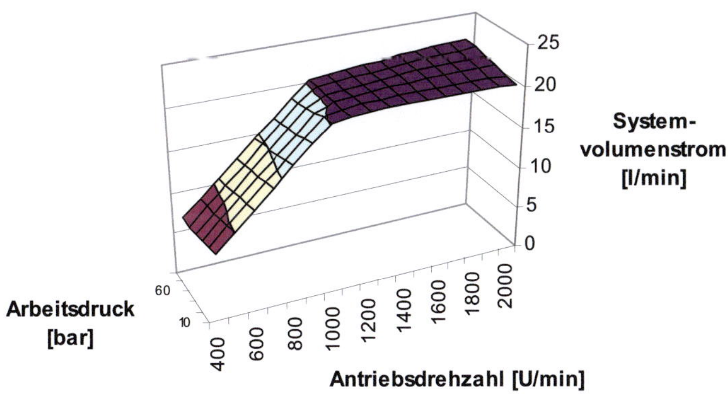

Abb. 5.13: Systemvolumenstrom der LHP bei 80 °C Öltemperatur

5.4.2 Hybrides Lenkgetriebe

Die Validierung der Lenkgetriebekomponenten schließt die Komponenten der hydraulischen und elektrischen Lenkhilfe ein. Die Modellierungs- und Validierungsstrategie ergab, dass bei einer 90%igen Modellgüte, nach dem Aspekt des minimalen Modellierungs- und Validierungsaufwands, auf den Erprobungsträger zurückgegriffen werden darf, im Bewusstsein einer höheren Messungenauigkeit im Vergleich zu einem potenziellen Lenkgetriebeprüfstand. Im Erprobungsträger werden die beiden Parameter Druckverlust im Steuerventil sowie die elektrische Leistungsaufnahme validiert.

Die Steuerventilkennlinie sowie die Übersetzung zwischen translatorischer Bewegung des Arbeitskolbens und Drehbewegung der Segmentwelle muss nicht validiert werden, da vom Zulieferer Kennlinien mit einer hohen Güte zur Verfügung gestellt wurden.

Obwohl der Wirkungsgrad des Lenkgetriebes laut dem Ergebnis der Sensitivitätsanalyse einen hohen Einfluss auf die Leistungsbilanz besitzt, wird der Parameter als konstant angenommen und dem technischen Datenblatt des Zulieferers entnommen. Die Ungenauigkeit, die sich aus der Konstantannahme ergibt, muss durch eine höhere Validierungsgüte anderer Modellparameter, die sich mit weniger Aufwand validieren lassen, ausgeglichen werden.

Druckverlust im Steuerventil

Zur Bestimmung des resultierenden Druckverlustes am Steuerventil des Lenkgetriebes werden mittels der Drucksensoren die Drücke am Lenkgetriebeein- und -ausgang sowie des Volumenstromsensors der Systemvolumenstrom bei unterschiedlichen Temperaturstufen aufgezeichnet. Die Aufzeichnung des Druckverlusts am Steuerventil im Erprobungsträger erfolgt nach folgenden Vorgaben:

- Elektrische Lenkhilfe abstellen, um Regeleingriffe auszuschließen.
- Lenkrad in Nullgradposition stellen und Fahrzeug durch Geradeausfahrt in einen spannungsfreien rückstellmomentenfreien Zustand bringen. Dadurch wird das Steuerventil exakt zentriert. Die angesprochenen Drucksensoren zeigen mit ihrer Druckdifferenz den reinen Durchströmverlust am Steuerventil an.
- Messung bei quasistationärer Erhöhung des Systemvolumenstroms bei unterschiedlichen Temperaturstufen ohne Lenkaktivitäten durchführen.

Das Ergebnis ist Abbildung 5.14 zu entnehmen. Entsprechend Gleichung 4-18 wäre der Druckverlust als eine quadratische Funktion des Volumenstroms zu erwarten. Es zeigt sich, dass unterhalb von 10 l/min kein Druckverlust im Versuch messbar ist, was auf Messungenauigkeiten zurückzuführen ist, da Drucksensoren im Erprobungsträger verwendet wurden, die für den Hochdruckbereich bis 200 bar geeignet sind. Für eine genauere Vermessung, insbesondere unterhalb von 10 l/min, wäre eine Verwendung von Drucksensoren mit einem kleineren Druckbereich und größerer Messgenauigkeit vorzusehen. Allerdings ist laut dem Ergebnis der Modellierungs- und Validierungsstrategie eine Messgenauigkeit laut Abbildung 5.14 ausreichend, siehe Abb. 5.4.

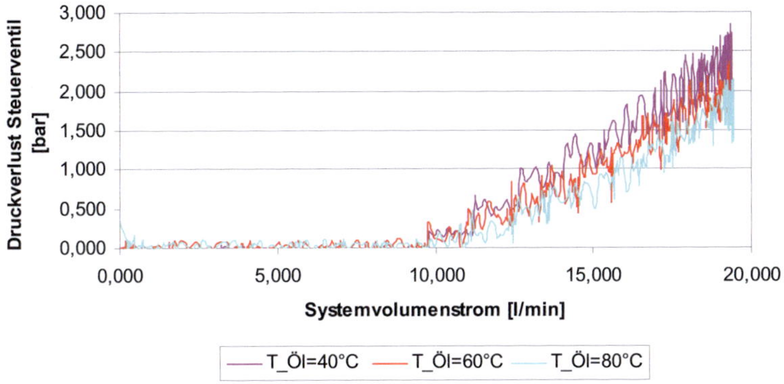

Abb. 5.14: Druckverlust im Steuerventil

Leistungskennlinie E-Lenken

Zur Berechung der elektrischen Leistungsaufnahme während des elektrischen Lenkens wird die elektrische Leistungsaufnahme des elektrischen Stellers und des aktiven Volumenstromverstellmechanismus (ansteuerbare Bypasspumpe) im Erprobungsträger quasistationär gemessen.

Die Leistungsaufnahme der elektrischen Lenkhilfe (Steuergerät, Leistungselektronik, E-Motor) wird durch externe Vorgabe eines elektrischen Lenkmoments über die Control-Desk-Oberfläche bei gleichzeitig gedrosseltem Systemvolumenstrom (elektrische Bestromung des Volumenstromverstellmechanismus „ansteuerbare Bypasspumpe") durch Messung der elektrischen Spannung und des Stroms ermittelt. Die Grafik zeigt die elektrische Leistungsaufnahme ohne Berücksichtigung des Generatorwirkungsgrades η_{Gen}, siehe Abbildung 5.15. Die mittlere Abweichung der Messwerte von der modellierten Leistungskennlinie beträgt hierbei 0,48.

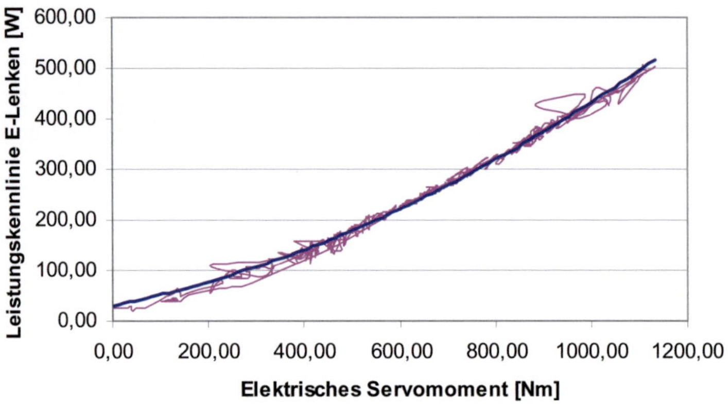

Abb. 5.15: Leistungskennlinie E-Lenken bezogen auf den Lenkgetriebeausgang: In magentafarben ist die Messkurve und in blau die modellierte Kennlinie dargestellt.

5.4.3 Leitungsdruckverlust

Der Fokus der experimentellen Untersuchung am erweiterten Komponentenprüfstand richtet sich nun auf die Überprüfung der Gültigkeit der mathematischen Beschreibung anhand von experimentellen Messreihen unter den spezifizierten Rahmenbedingungen der Bestimmungsgenauigkeit. Dazu wurde am Prüfstand eine Testumgebung geschaffen, in der definierte Testleitungen zwischen zwei Messarmaturen mit jeweils einem Druck- und Temperatursensor angeordnet wurden. Anschließend wurde die Druckdifferenz bei gegebenem Systemvolumenstrom und gegebener Temperatur gemessen. Die Ergebnisse wurden vom Messfehler der Strömungsverluste an den Messarmaturen entsprechend einer Referenzmessung korrigiert, siehe Anhang [A4].

Tabelle 5.5 fasst die Rahmenbedingungen am Beispiel der Axor-Seriendruckleitung und dem verwendeten Lenkungsöl PSF Titan der Firma Fuchs vom Erprobungsträger zusammen.

Tab. 5.5: Daten für die Bestimmung des Leitungsdruckverlusts

Parameter	**Daten**
Länge [mm]	1100
Innen- und Außendurchmesser der Leitung [mm]	12x15
Leitungskrümmungen	2 * 90° + 1* 45°+4*30°
Parameter Ubbelohdebeziehung $\nu_{öl} = \frac{10^{10.K}}{10^{10.m.\log T_{Öl}}} - C$	K = 9,52 m = 3,8 C = 0,75
Öldichte $\rho_{öl}(T_{Öl}) = \rho_{15°C} - a.(T_{Öl} - 15°C)$	a = 0,65 kg/m^{3}K $\rho_{15°C}$ = 868 kg/m^3

In Abbildung 5.16 sind die experimentell gemessenen Druckverluste mit den berechneten Druckverläufen verglichen. Es zeigt sich sehr deutlich, dass die Gleichung 4-19 im Allgemeinen eine gute Beschreibung der Druckverluste in Leitungen darstellt.

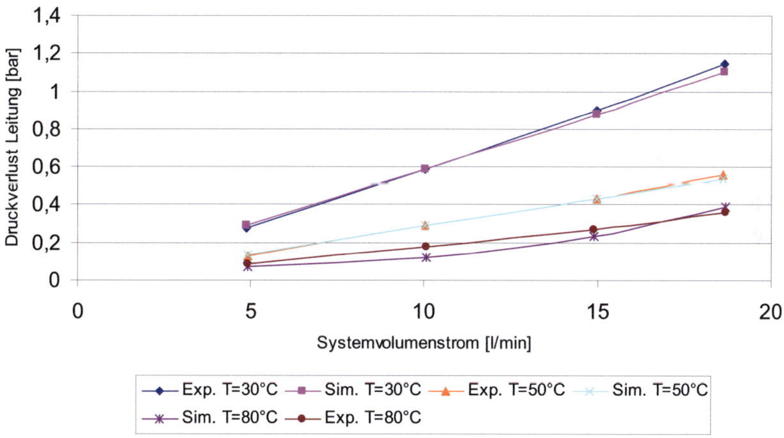

Abb. 5.16: Experimentell ermittelter Druckverlust im Vergleich zum berechneten Druckverlust für unterschiedliche Temperaturen

5.4.4 Verifizierung des nichtlinearen Einspurmodells

Zur Überprüfung der Gültigkeit der Lenkgetriebedruckberechnung p_{LG} mittels des nichtlinearen Einspurmodells gekoppelt mit dem Lenkkraftmodell 1 wurde der simulierte Lenkgetriebedruck im Rahmen von Stichproben mit der Lenkgetriebedruckdifferenz, die mit dem Erprobungsträger ET-2 gemessen wurde, verglichen. Abbildung 5.17 zeigt am Beispiel der beschleunigten Kreisfahrt mit einem Radius von 45 m den Vergleich zwischen experimentell gemessenem und aus dem Einspurmodell berechnetem Lenkgetriebedruck. Die Daten wurden zuvor um den Durchlaufdruck gemäß der Druckverlustkurve des Steuerventils gemäß Kapitel 5.4.2 korrigiert.

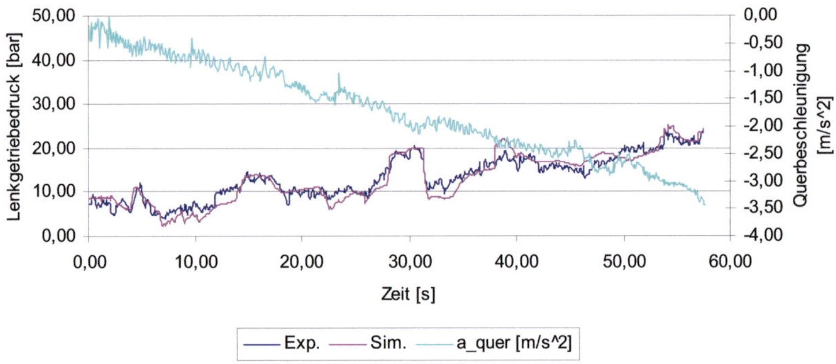

Abb. 5.17: Vergleich des experimentell ermittelten und aus dem erweiterten Einspurmodell berechneten Lenkgetriebedrucks am Beispiel der beschleunigten stationären Kreisfahrt mit 45 m-Radius.

Aus der Abbildung 5.17 kann entnommen werden, dass der simulierte Druckverlauf mit dem gemessenen Druckverlauf gut korreliert. Die Fehlerrechnung ergab eine mittlere Abweichung von 1,49 bar zwischen gemessenem und simuliertem Druck, was bei einem gemessenen mittleren Druck von 13,55 bar für das Fahrmanöver einem mittleren relativen Fehler von 11% entspricht. Dies korreliert wiederum näherungsweise mit der zuvor abgeschätzten Modellierungsgüte für das Servomoment von 10%.

Die Schwächen liegen in den Gültigkeitsgrenzen des Einspurmodells und des nachgeschalteten Lenkkraftmodells 1. Im Einspurmodell werden, wie bereits erwähnt, keine äußeren Störeinflüsse, wie Straßenneigungswinkel, Bodenunebenheiten etc., abgebildet. Das mechanische Lenkstrangmodell ist starr und spielfrei und unter Verwendung des stark vereinfachten Coulomb'schen Reibungsgesetzes modelliert. Bei der Berechnung des Servodrucks fließen die Parameter Lenkgetriebewirkungsgrad und die Steuerventilkennlinie, deren Abbildungsungenauigkeiten sich im Ergebnis widerspiegeln, mit ein.

6. Systemperformance

Dieses Kapitel stellt die Systemperformance der unterschiedlichen Systemkonfigurationen der verbrauchsreduzierten hybriden Lenkung, deren Potenziale mit Hilfe der validierten Simulationsumgebung berechnet werden, dar. Als Nutzungsprofil werden aus dem Messversuch gewonnene Realfahrmessdaten eines mit einem konventionellen Lenksystem ausgestatteten Erprobungsträger (ET-2) verwendet, wobei die Realfahrmessungen (bei Warmlauf) unterschiedliche Nutzungsprofile, wie Stadt-, Land- und Autobahnfahrt beinhalten. Auf einen Systemvergleich auf Basis eines synthetischen normierten Fahrzyklus soll im Rahmen dieser Arbeit verzichtet werden, da im Nfz-Bereich aufgrund der Variantenvielfalt der Einsatzfälle und der Baumusterunterschiede bislang kein etablierter standardisierter Fahrzyklus unter Berücksichtigung der Lenkaktivität vorliegt.

6.1 Referenzstrecken

Die Analyse der Leistungsreduktionspotenziale erfolgt anhand differenzierter Streckenprofile, mit der die Systemperformance für unterschiedliche Betriebseinsatzprofile dargelegt werden soll.

Als Referenzstrecke wurde die Strecke zwischen *Stuttgart und Karlsruhe* gewählt. Sie lässt sich in einen Stadt-, Land und Autobahnanteil gemäß Abbildung 6.1 aufteilen.

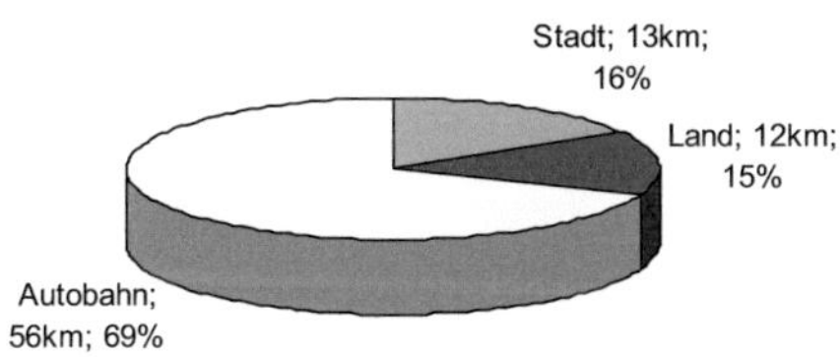

Abb. 6.1: Wegstreckenanteile für Stadt-, Land- und Autobahnfahrt

Stadtfahrt

Abbildung 6.2 stellt die zentralen Fahrparameter Fahrgeschwindigkeit, Lenkradwinkel und Motordrehzahl als Lastzyklus, die charakteristischen Größen zur Beschreibung der mechanischen Lenkhilfe (Servomoment / Lenkradgeschwindigkeit) und der hydraulischen Lenkhilfe (Lenkgetriebedruckdifferenz zwischen Druck- und Rücklaufseite sowie Fördermenge der LHP) als Kollektiv dar, siehe Abbildung 6.2.

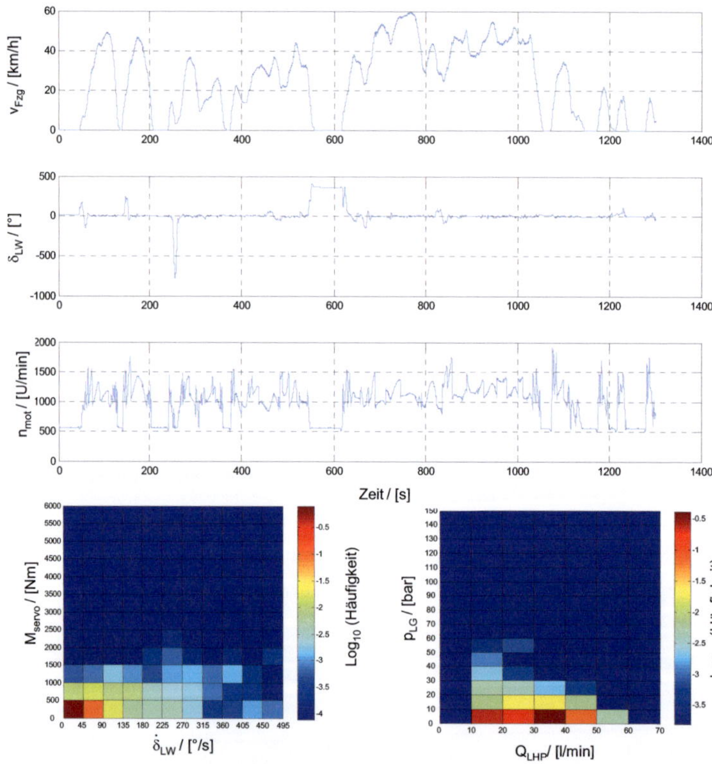

Abb. 6.2: Daten aus dem Lastzyklus der Stadtfahrt (oben), Lastkollektiv der Servounterstützung (unten)

Die Stadtfahrt Stuttgart umfasste einen innerstädtischen Verkehr mit mehreren Stop-and-go-Phasen. Dabei lag die durchschnittliche Fahrgeschwindigkeit bei 24,4 km/h. Die durchschnittliche Motordrehzahl bei diesem Zyklus betrug 983 U/min (minimal 484 U/min, maximal

1926 U/min). Der Lenkradwinkel erstreckte sich über den Lenkradwinkelbereich von -788 bis +410° bei einer mittleren Lenkradwinkelgeschwindigkeit von 35,4°/s (maximal 580°/s). Das Servomoment umfasste den Bereich von 0 bis 2654 Nm, wobei der Betrag der mittleren Servounterstützung 249 Nm betrug.

Betrachtet man die Häufigkeitsverteilung von Servomoment und Lenkradwinkelgeschwindigkeit, so stellt man fest, dass im realen Fahrzyklus im Stadtverkehr die Auslegungsgrenze im Hinblick auf das maximale Servomoment (6000 Nm) bei Weitem nicht erreicht wird. Im Mittelwert beträgt der prozentuale Anteil des Servomoments auf die maximale Auslegungsgrenze ca. 4%.
Betrachtet man zudem die Fördermenge in der Häufigkeitsverteilung in der Abbildung 6.2, so ergibt sich eine durchschnittliche Fördermenge der Lenkhelfpumpe von 28,9 l/min (minimal 14,2 l/min und maximal 56,6 l/min). Vergleicht man diesen Wert mit der abgeregelten Systemvolumenstrommenge von 18 l/min, so zeigt sich hier, dass ca. 1/3 der erzeugten Fördermenge über den internen Pumpenrücklauf ungenutzt rückgeführt wird.

Landfahrt

Die Landfahrt bei Leonberg (Solitudering K297) stellt einen Vertreter einer kurvenreichen Landstraßenfahrt mit einer zulässigen Maximalgeschwindigkeit von 60 km/h dar, bei der der Lenkradwinkelbereich bei um ca. ±60° variierte. Die mittlere Fahrgeschwindigkeit betrug 40,4 km/h bei einer mittleren Motordrehzahl von 1173 U/min (maximal 1980 U/min) und die Lenkradwinkelgeschwindigkeit betrug im Mittel 38,4°/s (maximal 434°/s).

Vergleicht man die Häufigkeitsverteilungen der Landfahrt aus Abbildung 6.3 mit denen der Stadtfahrt, so ergibt sich mit 241 Nm zwar ein ähnlich hohes durchschnittliches Lenkmoment, jedoch nimmt der Anteil an höheren Servomomenten ab. Das maximale Lenkmoment wurde zu 1686 Nm berechnet.
Aufgrund der etwas höheren Motordrehzahl ergab sich im Vergleich zur Stadtfahrt ein Anstieg der mittleren LHP-Fördermenge von 28,9 l/min auf 34.5 l/min. Es zeigt sich, dass beinahe die Hälfte der Fördermenge über den internen Rücklauf der LHP rückgeführt wird.

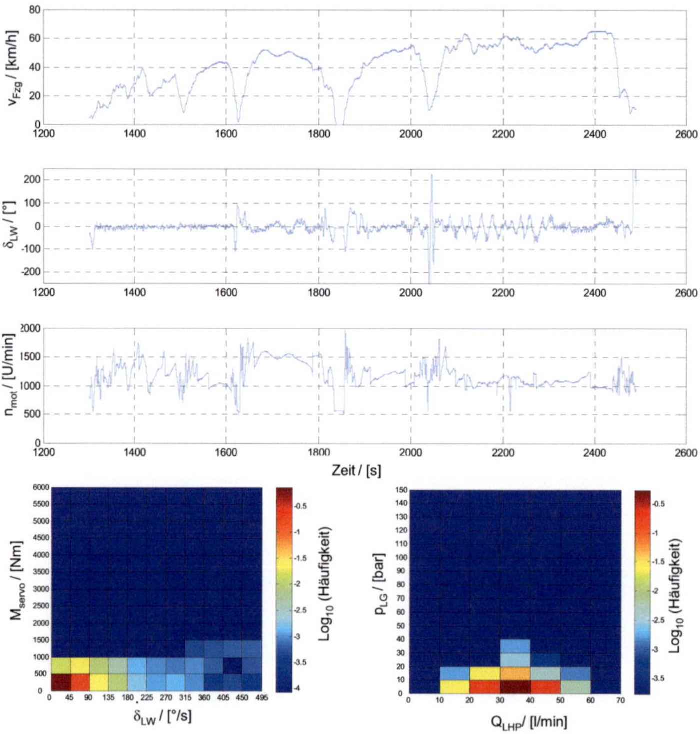

Abb. 6.3: Daten aus dem Lastzyklus der Landfahrt (oben), Lastkollektiv der Servounterstützung (unten)

Autobahnfahrt

Die Autobahnfahrt auf der A8 zwischen Leonberg und dem Kreuz Karlsruhe zeichnet sich durch ein höheres Verkehrsaufkommen aus, bei dem eine mittlere Fahrgeschwindigkeit von 66,7 km/h und eine mittlere Motordrehzahl von 1299 U/min erreicht wurde. Es zeigt sich, dass der Lenkwinkelverlauf vornehmlich durch Lenkkorrekturbewegungen im Bereich von ±20° und verhältnismäßig kleinen Lenkradwinkelgeschwindigkeiten (im Mittelwert 15,8°/s) geprägt war. Lediglich bei Fahrmanövern wie beispielsweise bei Baustellenein- und -ausfahrten und Autobahnüberleitungen, lagen die Lenkwinkel während der Messfahrt im Bereich von ±60°.

Betrachtet man die Häufigkeitsverteilungen in Abbildung 6.4, so kann man erkennen, dass die Servomomente, die im Durchschnitt zu 184 Nm (maximal 755 Nm) berechnet wurden, im Vergleich zur Stadt- und Landfahrt recht klein sind und die Streuung insgesamt wesentlich kleiner ist. Die Fördermenge der LHP lag im Mittel bei 38,2 l/min (maximal 69,4 l/min). Daraus wird ersichtlich, dass insbesondere bei der Autobahnfahrt, das heißt in der Fernverkehrsapplikation, das konventionelle Lenksystem stark verlustbehaftet ist.

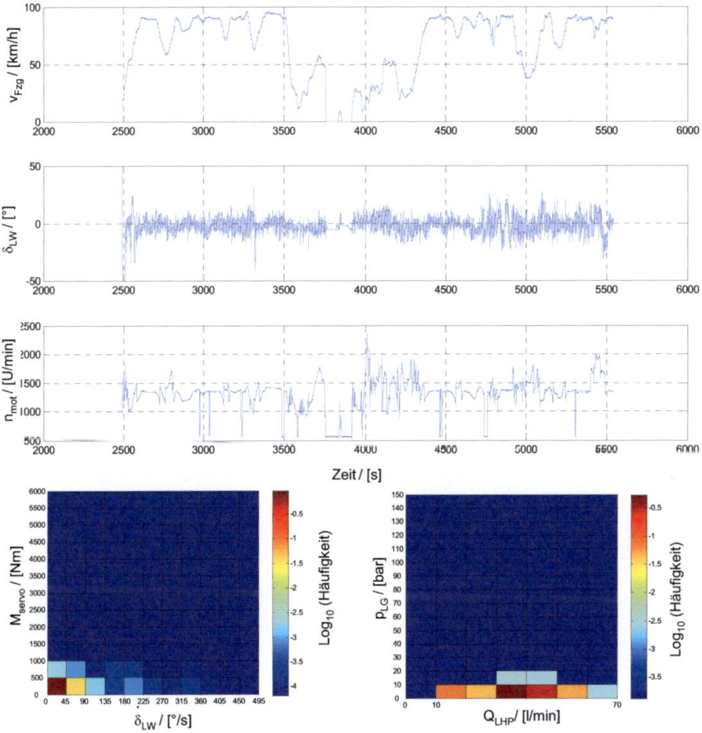

Abb. 6.4: Daten aus dem Lastzyklus der Autobahnfahrt (oben), Lastkollektiv der Servounterstützung (unten)

6.2 Ergebnisse

Im Folgenden werden die in der validierten Simulationsmodellumgebung bestimmten Leistungsreduktionspotenziale für die einzelnen Systemkonfigurationen in Abhängigkeit von dem Betriebseinsatz „Stadt-, Land- und Autobahnfahrt“ dargestellt.

Abbildung 6.5 zeigt die Leistungsreduktionspotenziale der einzelnen Systemkonfigurationen im Vergleich zu dem konventionellen OC-Lenksystem in Abhängigkeit vom Betriebseinsatz. Das größte Leistungsreduktionspotenzial zeigt sich in der Designvariante „hybrides Lenksystem mit ansteuerbarer Verstellpumpe“. Mit dieser Designvariante kann unabhängig vom Betriebseinsatz die größte Leistungsreduktion geleistet werden. Dies lässt sich darauf zurückführen, dass aufgrund der bedarfsgerechten Systemvolumenstromerzeugung die Verluste in der LHP weitestgehend reduziert werden können. Insbesondere mit Erhöhung der Motordrehzahl nimmt das Einsparpotenzial bis auf 75 % bei Autobahnfahrt zu.

Im Gegensatz dazu zeigt sich bei den beiden anderen Systemkonfigurationen allgemein ein etwas kleineres Leistungsreduktionspotenzial. So besitzen im Stadtverkehr sowohl das hybride Lenksystem mit Bypasspumpe mit einem Leistungsreduktionspotenzial von 20% als auch das hybride Lenksystem mit Trennkupplung mit einem Leistungsreduktionspotenzial von 21% ein verhältnismäßig geringes Einsparpotenzial. Erst bei Fahrten auf Landstraßen und Autobahnen nimmt das Leistungsreduktionspotenzial sukzessive bis auf ca. 60% zu.

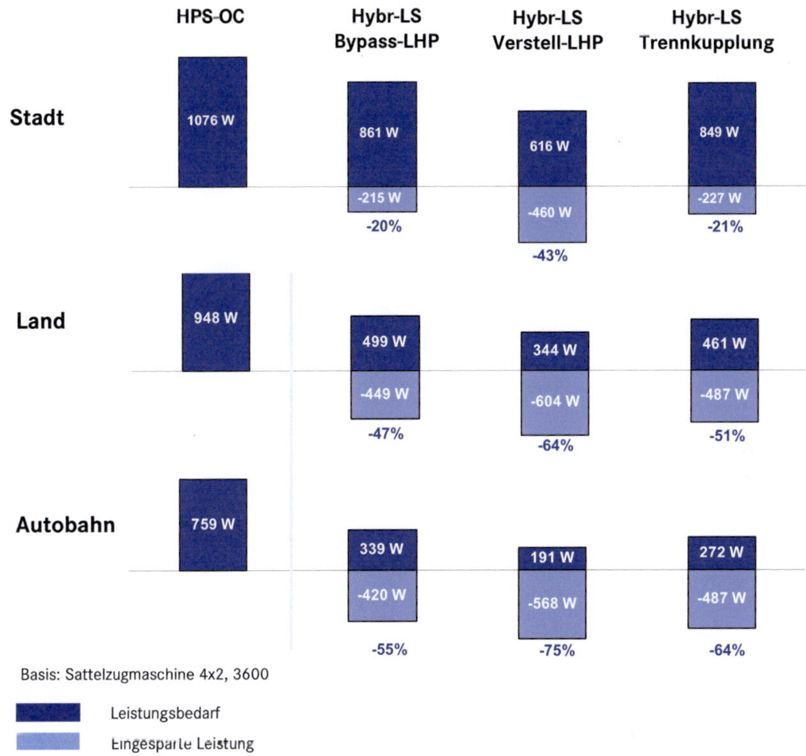

Abb. 6.5: Leistungsreduktionspotenziale für die Systemkonfigurationen in Abhängigkeit von Stadt-, Land- und Autobahnfahrt

Abbildung 6.6 zeigt die Verteilung der beiden Zustände „hydraulisches Lenken“ und „elektrisches Lenken“ für die unterschiedlichen Systemkonfigurationen in Abhängigkeit vom Einsatzfall. Es zeigt sich, dass über weite Strecken die geforderte Servounterstützung vom elektrischen Teilsystem nach dem Kriterium des minimalen Energieverbrauchs bereitgestellt werden kann.

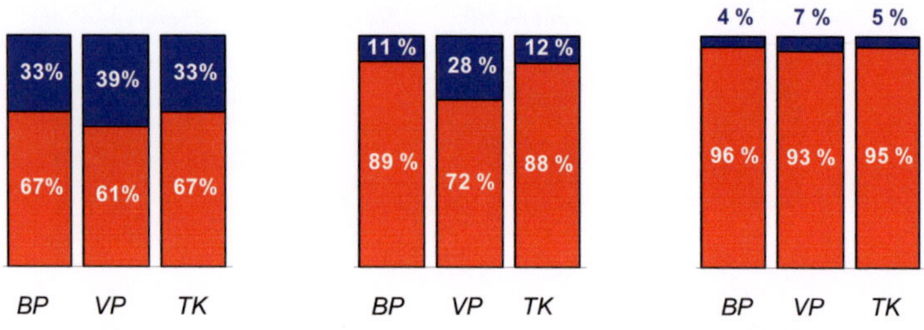

Abb. 6.6 Anteil des elektrischen Lenkens (rot) und des hydraulischen Lenkens (blau) in Abhängigkeit vom Nutzungsprofil. Es bedeuten: (BP) Hybrides Lenksystem mit Bypasspumpe, (VP) Hybrides Lenksystem mit Verstellpumpe, (TK) Hybrides Lenksystem mit Trennkupplung

Aus der Abbildung 6.6 wird ersichtlich, dass der Anteil des elektrischen Lenkens ausgehend von der Stadtfahrt bis hin zur Autobahnfahrt zunimmt, was vornehmlich auf die kleiner werdende Lenkhilfe zurückzuführen ist.

Vergleicht man den Anteil des hydraulischen Lenkens zwischen den unterschiedlichen Systemkonfigurationen, so stellt man fest, dass der Anteil des hydraulischen Lenkens bei der Systemkonfiguration „hybrides Lenksystem mit ansteuerbarer Verstellpumpe" tendenziell größer ist als bei den anderen Systemkonfigurationen.

6.3 Diskussion

Die Simulationsergebnisse zeigen, dass mit einem hybriden Lenksystem unabhängig vom Betriebseinsatz eine deutliche Leistungsreduktion gegenüber einem herkömmlichen OC-Lenksystem zu erzielen ist.

Dabei ist ersichtlich, dass von allen betrachteten Systemkonfigurationen eine ansteuerbare Verstellpumpe gekoppelt mit einem hybriden Lenksystem unabhängig vom Nutzungsprofil das größte Einsparpotenzial besitzt. Dies ist vor allem auf die bedarfsorientierte Volumenstromerzeugung zurückzuführen, wodurch im Falle des elektrischen Lenkens nahezu kein Volumenstrom und im Falle des hydraulischen Lenken ein der Lenkradwinkelgeschwindigkeit angepasster Volumenstrom erzeugt werden kann. Der Einspareffekt der ansteuerbaren Bypasspumpe reduziert sich alleine auf den Effekt der Systemdruckabsenkung im Lenksystem, der ausschließlich im Falle des elektrischen Lenkens zu effektiven Einsparungen führt. Das gleiche gilt für die Systemkonfiguration mit Trennkupplung. Damit leisten die Bypasspumpe und die Trennkupplung im Vergleich zu den Möglichkeiten einer Verstellpumpe lediglich in der Fernverkehrsapplikation einen dazu vergleichbaren Anteil zur

Kraftstoffreduktion. Die Realisierung eines hybriden Lenksystems mit Bypasspumpe und Trennkupplung für den Verteilerverkehr bietet im Vergleich zur Systemkonfiguration mit Verstellpumpe nur geringe Potenziale.

Neben den Leistungsreduktionspotenzialen sind für die Auswahl eines geeigneten hybriden Lenksystems die Rahmenbedingungen, wie Kosten und Bauraum, zu berücksichtigen.

Die ansteuerbare Bypasspumpe besitzt den zentralen Vorteil, dass sie bezüglich des konstruktiven Konzepts der Serienlenkhelfpumpe weitestgehend gleicht und sich lediglich in dem zusätzlichen Bypassventil und einer modifizierten Hauptdrossel von ihr unterscheidet. Dementsprechend ist eine Bypasspumpe verhältnismäßig einfach im Fahrzeug unterzubringen. Eine Trennkupplung und die ansteuerbare Verstellpumpe besitzen aufgrund des physikalischen Wirkprinzips einen wesentlich größeren Bauraumbedarf. Die Kosten für eine ansteuerbare Verstellpumpe und für die Trennkupplung werden im Vergleich zu der modifizierten Serienlenkhelfpumpe aufgrund der mechanischen Komplexität deutlich höher liegen.

Ein zentraler Nachteil einer Trennkupplung besteht in der binären Schaltweise. Im Rahmen dieser Arbeit wurde bei Schaltwechseln zwischen den beiden Betriebszuständen unter Last (in Kurvenfahrt) mittels schlagartiger Drosselung des Volumenstroms durch das im Erprobungsträger verbaute 3/2-Wegeventil ein Lenkmomentsprung von knapp 1 Nm gemessen. Zwar lässt sich diese Komforteinschränkung durch Maßnahmen in der Betriebsstrategie, zum Beispiel durch Verbesserung der elektromechanischen Lenksystemregelung (Motorregelung) oder durch die Bedingung, dass Betriebszustandswechsel nur lastfrei zu erfolgen haben, minimieren, jedoch stellt diese Einschränkung gegenüber den anderen beiden Systemkonfigurationen einen entscheidenden Nachteil dar.

Abschließend sind die Kostenreduktionspotenziale zu betrachten. Überschlägt man die Leistungsreduktion in die Kraftstoffverbrauchsreduktion, so ergibt sich ein Kraftstoffreduktionspotenzial von 0,2 l/100 km. Dies führt bei einem Betriebseinsatz einer Fernverkehrssattelzugmaschine von ca. 150000 km pro Jahr und einem angenommenen Kraftstoffpreis von 1,25€/l pro Jahr zu einer Ersparnis in Höhe von 375 €, was bei einer Haltedauer von vier Jahren (Erstbesitz) für den Spediteur eine Einsparung von 1500 € ergibt. Demgegenüber stehen zusätzliche Kosten für das hybride Lenksystem, bestehend aus einem Steuergerät, einem leistungsfähigen Elektromotor und der Verkabelung sowie den Mehrkosten seitens des Volumenstromverstellmechanismus der LHP. Da dies zu nicht geringen Mehrkosten führen wird, ist bei der Realisierung einer verbrauchsreduzierten Lenkung auf Basis eines hybriden Lenksystems nach weiteren Lenkungsassistenzfunktionen zu suchen, um die Kosten eines hybriden Lenksystems rechtfertigen zu können. Bei den 8x4 Baustellenfahrzeugen mit bisher zwei hydraulischen Lenkkreisen zur Einhaltung der ECE-R79 lässt sich beispielsweise der zweite hydraulische Kreis gegen einen Elektromotor substituieren, in der Fernverkehrsapplikation hingegen sind Lenkungsassistenzfunktionen zur Erhöhung der aktiven Sicherheit zu realisieren. Mit signifikanten Mehrwertfunktionalitäten lässt sich ein solches System im Markt erfolgreich etablieren.

Aus den hier dargestellten systemdesignspezifischen Vor- und Nachteilen lässt sich eine Weiterverfolgungsstrategie für ein verbrauchsreduziertes Lenksystem formulieren. Dabei soll die Systemdesignvariante mit Bypasspumpe aufgrund der verhältnismäßig einfachen Bauweise (Modifikation der Serienlenkhelfpumpe) im Vergleich zu dem hybriden Lenksystem mit ansteuerbarer Verstellpumpe und der in absehbarer Zeit vorhandenen Komponentenverfügbarkeit als priorisierte Lösungsvariante für die Fernverkehrsapplikation betrachtet werden. Das hybride Lenksystem mit ansteuerbarer Verstellpumpe kann derzeit aufgrund der Entwicklungsreife noch nicht realisiert werden, ist aber aufgrund des hohen Einsparpotenzials lediglich zurückzustellen. Eine Trennkupplung stellt aufgrund der Nachteile der binären Schaltung und der unbedeutenden Mehrwerten gegenüber den anderen Systemkonfigurationen keine priorisierte Lösung dar.

Abschließend sind die verschiedenen hybriden Systemkonfigurationen nebst der Angabe der Einsparpotenziale und der Bewertung des aktiven Volumenstrommechanismus in Tabelle 6.1 dargestellt.

Tab. 6.1: Leistungsreduktionspotenzial und Bewertungskriterien bezogen auf das OC-Lenksystem: Es bedeuten: -- sehr schlecht, - schlecht, ○ neutral, + gut, ++ sehr gut

		Systemkonfiguration		
		Hybrides Lenksystem mit ansteuerbarer Bypasspumpe	Hybrides Lenksystem mit ansteuerbarer Verstellpumpe	Hybrides Lenksystem mit ansteuerbarer Trennkupplung
Bewertungskriterien	Leistungsreduktion - Stadt - Land - Autobahn	 -20% -47% -55%	 -43% -64% -75%	 -21% -51% -64%
	Kontinuierliche Systemvolumenstromverstellung	++	++	--
	Bauraumbedarf	○	-	--
	Gewicht	○	-	--
	Kosten LHP	○	--	--
	Kosten elektrische Lenkhilfe	--	--	--

7. Performance der methodischen Vorgehensweise

7.1 Ergebnis der methodischen Vorgehensweise

In diesem Abschnitt soll die methodische Vorgehensweise in Hinblick auf das Steigerungspotenzial der Entwicklungseffizienz diskutiert werden.

Dazu wird zunächst zu dem Gesamtmodellierungs- und Validierungsaufwands A_{MV} gemäß Gleichung 5-6 ein pauschaler Aufwand für die Erstellung und Auswertung der Modellierungs- und Validierungsmatrix addiert, was für die Ermittlung der optimalen Modellierungs- und Validierungskombination in Kapitel 5 nicht notwendig war. Dieser Aufwand ist mit einzubeziehen, da er im Vergleich zwischen der hier vorgestellten methodischen Vorgehensweise mit Entwicklungsmethoden ohne eine Modellierungs- und Validierungsstrategie einen Mehraufwand darstellt und so dieser Vergleich möglich ist. Der oben genannte pauschale Aufwand wurde auf 62 Aufwandseinheiten abgeschätzt, das entspricht einer Arbeitszeit von ca. 3-4Wochen. Dabei ist der Aufwand von der Größe der Modellierungs- und Validierungsmatrix, das heißt der Anzahl der Systemparameter und der Anzahl der Modellierungs- und Validierungsstufen, abhängig. Ferner hängt der Aufwand von den konkreten Parametern und dem Aufwand für die Informationsbeschaffung zu den einzelnen Parametern und deren Modellierungsgüten und den Validierungsaufwänden ab. Damit kann der Aufwand stark mit dem jeweilig zu betrachtenden System variieren.

Auf diese Weise werden für verschiedene vorgegebene Modellierungsgüten alle möglichen Kombinationen an Modellierungs- und Validierungstiefen für alle Systemparameter betrachtet und jeweils der Gesamtaufwand berechnet. Aus diesen Kombinationen wird für eine vorgegebene Mindestmodellierungsgüte die Kombination mit dem geringsten Gesamtaufwand ausgewählt. Der jeweilige Minimalgesamtaufwand wird in der folgenden Abbildung 7.1 in Abhängigkeit von der Modellierungsgüte dargestellt. Dabei wird ein relativer Gesamtaufwand berechnet, indem der jeweilige Gesamtaufwand auf den höchsten erhaltenen Gesamtaufwandswert (für alle Modellierungsgüten) bezogen wird.

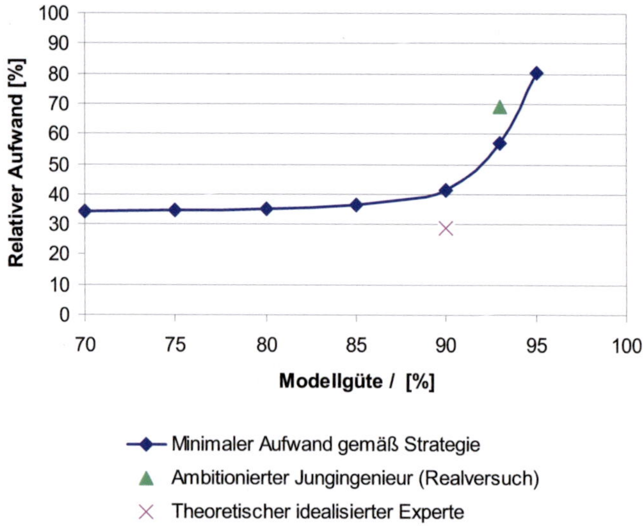

Abb. 7.1: Performance der Modellierungs- und Validierungsstrategie

Es ist zu erkennen, dass der minimale Aufwand gemäß der Modellierungs- und Validierungsstrategie bis zu einer Modellgüte von ca. 90% langsam ansteigt und ab dieser Modellgüte stark ansteigt. Es ist daher sinnvoll, die im Rahmen dieser Arbeit geforderte Modellgüte von ca. 90% anzustreben. Für diese Modellgüte von 90% ergibt sich ein relativer Aufwand von 41% bezogen auf den maximalen Gesamtaufwand im Rahmen dieser Strategie.

Des Weiteren sind in der Abbildung 7.1 zwei Punkte eingetragen. Der dreieckige Symbol stellt das Ergebnis eines im Projekt durchgeführten Realversuchs dar, bei dem ein ambitionierter Jungingenieur mit dem Ziel einer 90%igen Modellierungsgüte ohne die Modellierungs- und Validierungsstrategie eine Planung für die Modellierung und Validierung durchgeführt hat. Ergebnis des Realversuchs ist es, dass der Jungingenieur eine Modellierungsgüte von 93% erreicht hat, was die geforderte Modellierungsgüte übertrifft. Allerdings wurde im Realversuch ein höherer Aufwand als mit der Modellierungs- und Validierungsstrategie erreicht, das heißt für eine Modellgüte von 93% ein relativer Aufwand von 78% im Vergleich zu 68%. Der Realversuch stellt einen wichtigen Vergleichswert dar, um die Performance der Modellierungs- und Validierungsstrategie zu bewerten. Es ist zu erkennen dass die Modellierungs- und Validierungsstrategie eine erhebliche Einsparung an Aufwand erzielt. An dieser Stelle ist anzumerken, dass das Ergebnis des Realversuchs stark von dem

Expertenwissen und der Arbeitsweise der Versuchsperson abhängt und dass folglich der hier vorgestellte Realversuch nur beispielhaft ist.
Des Weiteren wurde in die Abbildung 7.1 ein kreuzförmiger Punkt eingetragen. Dieser stellt das theoretische Ergebnis eines idealisierten Experten ohne Anwendung der Modellierungs- und Validierungsstrategie dar. Dabei heißt idealisiert, dass der Experte gänzlich ohne Vorbereitungsaufwand die Kombination mit dem geringsten Modellierungs- und Validierungsaufwand auswählt. Es ist zu erkennen, dass für die geforderte Modellgüte von 90% der relative Aufwand des theoretischen Experten bei 29% liegt verglichen mit 41% mit der Modellierungs- und Validierungsstrategie. Folglich ist der theoretisch mögliche relative Aufwand etwas geringer als der mit der hier vorgestellten Methodik, allerdings stellt dieser theoretische Wert einen nicht erreichbaren Idealfall dar.

7.2 Abschließende Diskussion der methodischen Vorgehensweise

Im Folgenden soll die methodische Vorgehensweise anhand der nötigen Voraussetzungen, des Potenzials und der Übertragbarkeit diskutiert werden.

7.2.1 Voraussetzungen

Die Systemanalyse bildet eine entscheidende Voraussetzung für die erfolgreiche Durchführbarkeit der Modellierungs- und Validierungsstrategie. Die Herausforderung besteht darin, die Modellierungs- und Validierungsmatrix möglichst vollständig aufzustellen. Dazu bedarf es eines Zugangs zu den dafür notwendigen Informationen. Zum einen sind Kenntnisse aus den einzelnen Fachgebieten notwendig, im Rahmen dieser Arbeit heißt das Kenntnisse der Mechanik, der Hydraulik und der Elektrotechnik, die die Voraussetzung dafür darstellen, ein detailliertes Systemverständnis zu schaffen und somit die mathematisch-physikalische Beschreibung durchzuführen. Für das detaillierte Systemverständnis liefern des Weiteren Kenntnisse über bisherige Entwicklungsmethoden, wie beispielsweise die Anwendung des V-Prozesses, einen wertvollen Beitrag. Zum anderen müssen Kenntnisse zur Quantifizierung der einzelnen Parameter erlangt werden, die sich aus Wissensdatenbanken und aus Informationen über experimentelle Prüfeinrichtungen für eine mögliche Validierung der Parameter ergeben. Zur Aufstellung der Modellierungs- und Validierungsmatrix muss jeweils der Aufwand und die Modellierungsgüte für die einzelnen Modellierungstiefen der Parameter abgeschätzt werden. Dies stellt die zentrale Herausforderung und das zentrale Erfolgskriterium der Modellierungs- und Validierungsstrategie dar, da sich Abweichungen in der Abschätzung unmittelbar auf das erlangte Ergebnis auswirken. Besonders problematisch hierbei sind beispielsweise ungenaue Angaben in technischen Datenblättern bezüglich

Validierungsgüten oder Schwierigkeiten bei der Abschätzung des Aufwands der Validierung bei experimentellen Prüfeinrichtungen.

7.2.2 Potenzial der Methode

Die im Rahmen dieser Arbeit vorgestellte Methode liefert einen Beitrag zur Systematisierung eines Entwicklungsprozesses. Mit Hilfe der Modellierungs- und Validierungsstrategie können Unsicherheiten bei dem Erreichen der geforderten Modellgüte reduziert werden. Des Weiteren kann für die geforderte Modellgüte der Modellierungs- und Validierungsaufwand reduziert werden und somit die Entwicklungseffizienz gesteigert werden.

Mit Hilfe der Betrachtung des Aufwands in Abhängigkeit von der Modellgüte wird ein Überblick geschaffen und es kann in der Planungsphase eine Kosten-Nutzen-Abschätzung durchgeführt werden. Somit kann die geforderte Modellgüte, die den effizientesten Modellierungs- und Validierungsweg vorgibt, betrachtet werden und auf Grundlage dessen eine Entscheidung über die tatsächlich geforderte Modellgüte getroffen werden. Gleichzeitig kann durch die Kenntnis des Aufwands für die geforderte Modellgüte eine zeitliche und geldliche Ressourcenplanung durchgeführt werden. Dabei kann diese direkt auf die jeweiligen Projektmitarbeiter bezogen werden, beispielsweise Prüfstands- und Werkstatt-personal, sowie auf Ressourcen für notwendige Prüfeinrichtungen, beispielsweise Prüfstandskapazität.

Mit Hilfe des Modellierungs- und Validierungsalgorithmus ist eine flexible Anpassung der Kombination der Modellierungstiefen der einzelnen Parameter an die Rahmenbedingungen im Entwicklungsbereich gegeben. Da beispielsweise im Rahmen der Untersuchungen kein Lenkgetriebeprüfstand zur Verfügung stand und dieser hätte neu errichtet werden müssen, wurde mit Hilfe des Algorithmus alternativ eine Lösung mit einem ungenauer bestimmten Lenkgetriebewirkungsgrad ermittelt, bei der im Gegenzug eine Beschreibung der einzelnen hydraulischen Parameter in einer höheren Güte, insbesondere durch mehrdimensionale Kennfelder, durchzuführen ist.

Durch die Kenntnis der erworbenen Informationen der Systemanalyse für die Modellierungs- und Validierungsstrategie und der erhaltenen Ergebnisse lassen sich Informationen für zukünftige Projekte gewinnen. Dafür kann eine Wissensdatenbank angelegt werden, in der jeweils zu den einzelnen Parameteren die Güte und der Aufwand in Abhängigkeit von der Modellierungs- und Validierungstiefe hinterlegt wird. Des Weiteren können dort Informationen zu der jeweiligen Voraussetzung für die Modellierungs- und Validierungstiefe, beispielsweise der experimentellen Prüfeinrichtung oder der Informationsquelle, aufgeführt werden.

7.3 Übertragbarkeit der Methode

Grundsätzlich ist die hier vorgestellte Methode auf andere Entwicklungsprojekte übertragbar. Insbesondere für Projekte mit ähnlichen Themenstellungen ist die Übertragbarkeit relativ einfach durchführbar. Eine solche Themenstellung kann beispielsweise die Nebenaggregateoptimierung mit dem Ziel der Energieeinsparung darstellen. Vor allem hier können in den Folgeprojekten im Entwicklungsbereich Informationen in der oben genannten, noch zu erstellenden Wissensdatenbank, das heißt Informationen zu den einzelnen Parametern und zu den Validierungsarten, die vor allem für das detaillierte Systemverständnis des Folgeprojekts dienen, verwertet werden.

Des Weiteren kann auch für Entwicklungsaufgaben anderer Themengebiete die hier vorgestellte methodische Vorgehensweise verwendet werden. Das heißt, es wird zunächst ein detailliertes Systemverständnis geschaffen, wodurch die Systemparameter identifiziert und die Parametereinflüsse auf das Gesamtergebnis identifiziert werden und auf Basis dessen eine Modellierungs- und Validierungsmatrix aufgestellt wird und daraus ein konkreter Modellierungs- und Validierungsweg nach dem Kriterium des minimalen Entwicklungsaufwandes abgeleitet wird. Dies setzt jedoch voraus, dass das Systemverständnis für die neue Entwicklungsaufgabe geschaffen wird. Dafür sind ggf. andere Beschreibungsformen und Modellierungsarten zu definieren. Dies kann beispielsweise ein anderes Verfahren zur Systemabstraktion oder Modellierungsarten für eine nicht quasistationäre Modellbildung sein.

8. Zusammenfassung und Ausblick

8.1 Zusammenfassung

In dieser Arbeit wird eine methodische Vorgehensweise für die Modellierung und Validierung eines mechatronischen Systems mit dem Ziel der Optimierung des zu entwickelnden Systems und zur Erstellung einer Betriebsstrategie vorgestellt. Dafür wird eine entwicklungseffiziente Vorgehensstrategie für den Aufbau einer Simulationsumgebung und deren Validierung mit dem Ziel der fundierten Potenzialabschätzung unterschiedlicher Systemkonfigurationen und deren optimaler Betriebsstrategie unter dem Fokus der optimalen Ressourcenausnutzung im gegebenen Entwicklungsumfeld entworfen.
Die Arbeit leistet einen Beitrag, um Technologievarianten in der frühen Vorentwicklungsphase auf ihre Potenziale mittels Modellbildung systematisch zu analysieren und somit eine fundierte Empfehlung für den weiteren Produktentstehungsprozess auszusprechen.

Die Vorgehensweise findet in dieser Arbeit Anwendung bei der Entwicklung eines hybriden Lenksystems mit aktivem Volumenstromverstellmechanismus mit dem Ziel der Kraftstoffreduktion. Zu der Vorgehensweise wurden folgende Schritte durchgeführt.

Im Stand der Technik in **Kapitel 2** werden vorhandene Ansätze zur Leistungsreduktion bei Lenksystemen vorgestellt. Existierende Kraftstoffreduktionsmaßnahmen stammen vornehmlich aus dem PKW-Bereich und liegen bei hydraulischen OC-Lenkanlagen einerseits in der Systemdruckabsenkung infolge einer bedarfsorientierten Systemvolumenstromreduzierung, andererseits in der bedarfsgerechten Volumenstromerzeugung durch differenzdruckgeregelte Verstellpumpen sowie durch den elektromotorischen bedarfsgerechten Lenkhelfpumpenantrieb mit dem Ziel der Verlustleistungsreduktion. Das höchste Leistungsreduktionspotenzial besitzen jedoch elektromechanische Lenksysteme und diese werden nicht zuletzt wegen der realisierbaren Lenkungsassistenzfunktionen in Zukunft im Pkw-Bereich einen immer höheren Stellenwert erlangen. Aufgrund der Tatsache, dass im Nfz wegen der hohen Lenkkräfte eine elektromechanische Lenkung nicht in absehbarer Zukunft realisierbar ist, jedoch in absehbarer Zukunft die Realisierung von Lenkungsassistenzfunktionen auch im Nfz Einzug erhalten wird, wird im Rahmen dieser Arbeit ein hybrides hydraulisch/elektromechanisches Lenksystem mit aktivem Volumenstromverstellmechanismus als neues Lenkungskonzept unterschiedlicher Systemkonfigurationen vorgestellt.

In **Kapitel 3** werden bestehende Entwicklungsmethoden und Vorgehensmodelle für allgemeine und mechatronische Systementwicklungen, der begleitende Entwicklungsprozess in der Automobilindustrie für sicherheitskritische mechatronische Funktionsentwicklungen sowie etablierte Entwicklungswerkzeuge für die modellbasierte Funktionsentwicklung in der frühen Entwicklungsphase vorgestellt. Die Vorgehensmodelle, insbesondere die VDI 2206, geben dem Entwickler einen allgemeinen Grundrahmen für die Entwicklungsvorgehensweise von mechatronischen Funktionen vor. Daraus ergibt sich die Zielsetzung, eine methodische Vorgehensweise in Form einer Modellierungs- und Validierungsstrategie für ein mechatronisches System zu entwickeln, die den vorhandenen Voraussetzungen und Rahmenbedingungen im bestehenden Entwicklungsbereich individuell angepasst ist.

In **Kapitel 4** wird ausgehend von einer abstrakten lösungsneutralen Beschreibung des Lenksystems die Modellierungsumgebung erschlossen, es werden Systemgrenzen definiert und die Systemkomponenten sowie deren Wechselwirkungen identifiziert. Im Rahmen einer mathematischen Beschreibung erfolgen die Parameteridentifikation und die Beschreibung des Leistungsflusses für das hydraulische und elektrische Lenken, woraus eine leistungsgeführte Betriebsstrategie abgeleitet wird.

In **Kapitel 5** wird eine Methode zur Erstellung einer Simulationsumgebung sowie zur Validierung unter dem Fokus einer möglichst effizienten Vorgehensweise unter besonderer Berücksichtigung der in der industriellen Praxis vorliegenden Rahmenbedingungen erarbeitet. Das methodische Vorgehen der Modellerstellung und Systemvalidierung wird aufbauend auf den Erkenntnissen der Systemanalyse aus Kapitel 4 beschrieben. Ausgehend von einer Sensitivitätsanalyse wird das Einflussverhalten jedes einzelnen Parameters auf die Leistungsbilanz bestimmt, in einer nächsten Stufe die Modellierungs- und Validierungsstufen definiert und den einzelnen Stufen die erreichbare Modellierungsgüte und der aufzubringende Modellierungs- und Validierungsaufwand unter Berücksichtigung bereits vorhandener Simulationsmodelle sowie Prüfeinrichtungen zugeordnet. Den Kern der Methode bilden in der nächsten Stufe die Erstellung einer zentralen Modellierungs- und Validierungsmatrix und ein Algorithmus, mit Hilfe dessen für eine vorgegebene zu erreichende Gesamtmodellgüte die Kombination mit dem geringsten Gesamtaufwand berechnet wird. Die letzte Stufe besteht in dem Ableiten der Versuchsplanung und der Versuchsdurchführung sowie der Implementierung der Simulationsumgebung. Die Umsetzung der Parametervalidierung unter Einsatz eines erweiterten HIL-Prüfstands mit RCP-Ansteuerung, eines Erprobungsträgers sowie externer Informationsquellen wird in Kapitel 5 detailliert beschrieben. Dabei werden vorwiegend mehrdimensionale Kennfelder zur Beschreibung des Parametereinflusses in Wechselwirkung mit bestimmten Einflussgrößen erzeugt.

Kapitel 6 stellt die technische Systemperformance unterschiedlicher Systemkonfigurationen für ein hydraulisch-elektromechanisches hybrides Lenksystem mit aktiv ansteuerbarem Volumenstromverstellmechanismus vor. Die Daten resultieren aus einer validierten Modellumgebung, die als Eingangsgrößen Lastzyklen, die mittels eines Referenzfahrzeugs während der Stadt-, Land- und Autobahnfahrt aufgezeichnet wurden, verwertet. Es zeigt sich, dass je nach Systemkonfiguration und Einsatzprofil mit dem hybriden Lenksystem dieser Arbeit ein Leistungsreduktionspotenzial von bis zu 75% gegenüber einem konventionellen hydraulischen OC-Lenksystem zu erzielen ist. Die Systemkonfiguration mit einer ansteuerbaren Verstellpumpe zeigt unabhängig vom Nutzungsprofil gegenüber den anderen betrachteten Systemkonfigurationen mit Bypasspumpe sowie einer Trennkupplung die höchsten Leistungsreduktionspotenziale. Ein zentraler Nachteil bei der Systemkonfiguration mit ansteuerbarer Trennkupplung besteht in der binären Schaltweise, wodurch auch in dem Fall, dass ökonomische, akustische und lebensdauerfeste Anforderungen erfüllt werden, ein erheblicher Aufwand bei der Regelung für ein zufriedenstellendes Lenkgefühl zwischen dem Umschalten zwischen elektrischem und hydraulischem Lenken geleistet werden müsste. Die ansteuerbare Bypasspumpe stellt die kostengünstigste Alternative aller Varianten dar, da diese lediglich eine Modifikation der konventionellen Serienlenkhelfpumpe darstellt.
Es lässt sich nach einer groben Abschätzung mit einem hybriden Lenksystem bei einem Fernverkehrsfahrzeug bei einer Laufleistung von 150000 km/Jahr und einer Kraftstoffreduktion von ca. 0,2 l/100km innerhalb von vier Jahren eine Kosteneinsparung von 1500 € bei Annahme eines Dieselpreises von 1,25 €/l erzielen. Dennoch müssen weitere signifikante Mehrwertfunktionen zur Rechtfertigung solch eines Systems im Markt angeboten werden. Einen Ansatzpunkt stellt die Entwicklung insbesondere von Lenkungsassistenzfunktionen für das hybride Lenksystem zur Erhöhung der aktiven Fahrsicherheit dar.

Kapitel 7 befasst sich mit der Performance der entwickelten Methode. Dabei wird der Aufwand in Abhängigkeit von der geforderten Modellgüte skizziert und das Potenzial der systematischen Modellierungs- und Validierungsstrategie, auch im Vergleich mit einem Realversuch ohne Anwendung der Modellierungs- und Validierungsstrategie, aufgezeigt. Es kann deutlich gemacht werden, dass sich erhebliche Einsparungen im Entwicklungsaufwand erzielen lassen. Die Erstellung der Validierungsmatrix stellt zwar einen zusätzlichen Aufwand dar, dieser ist aber vergleichsweise gering und lässt sich aber durch das Erstellen einer Wissensdatenbank für zukünftige Folgeprojekte noch weiter reduzieren.

8.2 Ausblick

Die in dieser Arbeit vorgestellte technische Entwicklung des hybriden verbrauchsreduzierten Lenksystems soll im Rahmen des Entwicklungsprozess nach ISO 26262 weitergeführt werden. Dazu sind folgende Schritte vorgesehen: Nach einer Gefahren- und Risikoanalyse schließt sich die Erstellung des funktionalen und technischen Sicherheitskonzepts an.
Bei Verfügbarkeit von (neuen) Prototypen des hybriden Lenksystems sowie des Volumenstromverstellmechanismus (A-, B- und C-Muster) sind die Komponenten auf ihre Eigenschaften zu evaluieren und die Systemparameter zu aktualisieren und somit die bereits optimierte Betriebsstrategie anzupassen. Insbesondere sind die Angaben der LHP-Hersteller zu verifizieren, sobald reale Prototypen der ansteuerbaren Verstellpumpe vorliegen. Parallel dazu ist verstärkt der Fahrversuch für die Erprobung des hybriden Lenksystems mit einzubinden. Ein Schwerpunkt liegt darauf, die leistungsgeführte Betriebsstrategie in Hinblick auf das Fahrgefühl zu optimieren.

Die in dieser Arbeit vorgestellte Entwicklungsmethode soll in Zukunft Anwendung bei weiteren Projekten im Bereich der Vorentwicklung finden. Dazu soll eine Wissensdatenbank mit Informationen über die in dieser Arbeit betrachteten Parameter hinsichtlich der unterschiedlichen Modellierungs- und Validierungsarten erstellt werden. Somit kann die Methode bei zukünftigen Projekten, vor allem aus ähnlichen Themengebieten, noch effizienter eingesetzt werden.

9. Abkürzungsverzeichnis

Abkürzungen	
CAN	Central Area Network
ECU	Electronic Control Unit
DMU	Digital Mock-Up
EM	Elektromotor
ET	Erprobungsträger
EPS	Electro Power Steering
EHPS	Electrically Powered Hydraulic Steering
HIL	Hardware in the loop
HM	Hydromotor
KW	Konstantwert
KF	Kennfeld
KL	Kennlinie
Nfz	Nutzfahrzeug
LHP	Lenkhelfpumpe
Lkw	Lastkraftwagen
LM	Lichtmaschine
MA	Modellierungsart
MABx	Microautobox
OEM	Original Equipment Manufacturer
OC	Open Center
CC	Closed Center
PE	Prüfeinrichtung
Pkw	Personenkraftwagen
PWM	Pulsweitenmodulation
RCP	Rapid Control Prototyping
SP	Systemparameter
VKM	Verbrennungskraftmaschine
VU	Validierungsumgebung
WI	Wissensdatenbank

Symbol	Bedeutung	Einheit
A_{Aufbau}	Aufwand für Errichtung der experimentellen Prüfeinrichtung	-
A_{Ausw}	Aufwand für Auswertung und Modellierung des SP	-
A_{Adapt}	Aufwand für Adaption der experimentellen Prüfeinrichtung	-
A_{HD}	Öffnungsquerschnitt der Hauptdrossel	mm^2
A_{Kb}	Kolbenfläche Lenkgetriebe	mm^2
A_{Mess}	Aufwand für die Messdurchführung	-
A_{MV}	Modellierungs- und Validierungsaufwand Gesamtmodell	-
A_P	Porenöffnungsfläche	mm^2
A_{SP}	Modellierungs- und Validierungsaufwand Systemparameter	-
A_{th}	Kontaktfläche	mm^2
A_v	Effektiver Steuerkantenöffnungsquerschnitt	mm^2
B	Spindelsteigung	mm/U
b	Breite	m
C	Konstante (für Mineralöle C = 0,75)	-
C_{th}	Wärmekapazität	J/K

Symbol	Bedeutung	Einheit
d	Durchmesser	mm
d_i	Flügeldicke	mm
e	Exzentrizität	mm
F_z	Radlast	N
G_d	Wärmedurchgangsleitwert	W/m^2K
G_M	Gesamtmodellgüte	-
$G_{M,min}$	mindest geforderte Gesamtmodellgüte	-
G_{SP}	Modellierungsgüte	-
I	Strom	A
I_{Gen}	Generatorstrom	A
I_{LE}	Strom Lenkungssteuergerät und Ruhestrom Leistungs-elektronik	A
I_{VM}	Strombedarf Volumenstromverstellmechanismus	A
i_{Aktor}	Übersetzung Elektromotor-Lenkgetriebeeingangswelle	-
i_{Gen}	Generatorübersetzung KW-Generator	-
i_{LG}	Übersetzung Lenkgetriebe	-
i_{LHP}	Übersetzung KW-LHP	-
i_{prim}	Übersetzung Lenkrad-Lenkgetriebeeingang	-
i_{sek}	Übersetzung Lenkgetriebeausgang-Lenkeinschlag	-
i_{SP}	Index Systemparameter	-
J_{prim}	Primärseitiges Trägheitsmoment (Lenkrad-Lenkgetriebeeingang)	$kg\ m^2$
J_{sek}	Sekundärseitiges Trägheitsmoment (Lenkgetriebeein-, zu- und -ausgang)	$kg\ m^2$
K	Konstant gemäß ISO 3448 im zulässigen Temperaturbereich nach DIN 51524	-
K_v	Validierungskombinationsmöglichkeiten	
k_1	Drehmomentabhängige Motorkonstante	A/Nm
k_2	Drehmomentabhängige Motorkonstante	A·s/Nm
k_3	Verlustkonstante Motor	$A/(Nm)^2$
L	Leitungslänge	m
M_{EM}	Moment E-Motor	Nm
M_{Hand}	Handmoment	Nm
M_{LHP}	Antriebsmoment LHP	Nm
$M_{LG,\ sek}$	Resultierendes Moment am Lenkgetriebeausgang	Nm
M_{servo}	Servomoment	Nm
$M_{servo,\ grenz}$	Maximales Servomoment der elektrischen Lenkhilfe	Nm
$M_{r,\ prim}$	Primärseitiges Reibmoment (Lenkrad-Lenkgetriebeeingang)	Nm
$M_{r,\ sek}$	Sekundärseitiges Reibmoment (Lenkgetriebeausgang-Radeinschlag)	Nm
M_{rad}	Radmoment	Nm
$M_{servo,\ elekt}$	Elektrisches Servomoment	Nm
$M_{servo,\ hydr}$	Hydraulisches Servomoment	Nm
M_{Bohr}	Bohrmoment	Nm
M_{TBT}	Handmoment am Lenkmomentsensor (Torsion Bar Torque)	Nm
M_{TS}	Torsionsstabmoment	Nm
$M_{\Theta,\ prim}$	Primärseitiges trägheitsmomentbezogenes Drehmoment (Lenkrad-Lenkgetriebeeingang)	Nm
$M_{\Theta,\ sek}$	Sekundärseitiges trägheitsmomentbezogenes Drehmoment (Lenkgetriebeein-, zu- und -ausgang)	Nm
m	Steigung gemäß ISO 3448 im zulässigen Temperatur-bereich nach DIN 51524	-
n_p	Anzahl der Modellierungs- und Validierungsstufen	-

Symbol	Bedeutung	Einheit
n_{grenz}	Grenzdrehzahl	U/s
n_{mot}	Motordrehzahl	U/s
n_{Rad}	Reifennachlauf	mm
n_{LHP}	Drehzahl Lenkhelfpumpe	U/s
$P_{E\text{-}Motor}$	Leistung E-Motor der elektrischen Lenkhilfe	W
P_{El}	Leistungskennlinie E-Lenken	W
$P_{Gen,el}$	Elektrische Leistung Generator	W
$P_{Gen,mech}$	Mechanische Antriebsleistung Generator	W
$P_{Gen,mech}$	Mechanische Antriebsleistung Generator	W
$P_{servo,elektr}$	Leistungsbedarf für elektrische Lenkhilfe (gesamt)	W
$P_{servo,hydr}$	Leistungsbedarf für hydraulische Lenkhilfe (gesamt)	W
P_{nom}	Nominaler Leistungsbedarf (Lenkhilfe)	W
P_{VM}	Leistungsbedarf Volumenstromverstellmechanismus	W
p	Reifenluftdruck	bar
p_{LHP}	Differenzdruck an Lenkhelfpumpe	bar
p_{servo}	Servodruck	bar
p_{sys}	Systemdruck	bar
Q	Volumenstrom	m^3/s
Q_{grenz}	Abgeregelter Systemvolumenstrom LHP	m^3/s
Q_{Kb}	Kolbenvolumenstrom	m^3/s
Q_i	Drosselvolumenstrom	m^3/s
Q_{LHP}	Fördermenge LHP	m^3/s
Q_{RL}	Rücklaufvolumenstrom LHP	m^3/s
Q_{SYS}	Systemvolumenstrom LHP	m^3/s
$Q_{SYS,soll}$	Sollvorgabe Systemvolumenstrom	m^3/s
Q_T	Volumenstrom von Lenkgetriebe zu Tank	m^3/s
r_i	Innenradius Hydraulikleitung	mm
r_{SW}	Radius Segmentwelle Lenkgetriebe	mm
SP_i	Nominalwert des Systemparameters *i*	(untersch.)
T_{Gen}	Temperatur Generator	°C
$T_{Öl}$	Öltemperatur	°C
U	Elektrische Spannung	V
$V_{Öl}$	Ölvolumen im Lenkkreis	l
$V_{Schluck}$	Schluckvolumen LHP	cm^3
v_{Fzg}	Fahrzeuggeschwindigkeit	km/h
z	Flügelzahl	-
α	Krümmungswinkel Leitung	°
α_D	Durchflusskoeffizient Drossel	-
α_{HD}	Durchflusszahl an der Hauptdrossel	-
α_{th}	Wärmeübergangskoeffizient	$W/(m^2 \cdot K)$
ΔSP_i	Abweichung des Systemparameters *i* von seinem Nominalwert	(untersch.)
$\Delta P_{nom,rel,i}$	Relative Abweichung des Nominal-Leistungsbedarfs	-
$\Delta P_{SP,i}$	Absolute Bestimmungsungenauigkeit des einzelnen Parameters auf den Nominal-Leistungsbedarfs	W
$\Delta p_{HD,v}$	Druckverlust Hauptdrossel LHP	bar
$\Delta p_{HL,v}$	Druckverlust Hydraulikleitung	bar
Δp_{LG}	Differenzdruck am Lenkgetriebe	bar
Δp_{LHP}	Differenzdruck an der LHP	bar
$\Delta p_{ÖF,v}$	Druckverlust im Ölfilter	bar
$\Delta p_{SV,v}$	Druckverlust im Steuerventil	bar

Symbol	Bedeutung	Einheit
δ_{LW}	Lenkradwinkel	°
δ_{Rad}	Radeinschlagswinkel	°
δ_{TBT}	Lenkwinkel am Drehmomentsensor	°
δ_{TS}	Lenkwinkel am Torsionsstab	°
$\dot{\delta}_{LW}$	Lenkradwinkelgeschwindigkeit	°/s
$\ddot{\delta}_{Rad}$	Radwinkelbeschleunigung	$°/s^2$
$\ddot{\delta}_{LW}$	Lenkradwinkelbeschleunigung	$°/s^2$
ζ_{α}	Druckverlustfaktor Leitungskrümmung mit Biegeradius α	-
η_{Gen}	Wirkungsgrad Lichtmaschine	-
η_{LG}	Wirkungsgrad Lenkgetriebe	-
η_{LHP}	Wirkungsgrad LHP	-
$\eta_{Öl}$	Dynamische Ölviskosität	$N \cdot s \cdot m^2$
λ	Wärmeleitfähigkeit	$J/(m \cdot s \cdot K)$
μ	Reibwert	-
$\nu_{Öl}$	Kinematische Ölviskosität	m^2/s
$\rho_{Öl}$	Dichte Lenkungsöl	kg/m^3
$\Sigma \Delta p_{v,i}$	Gesamtdruckverlust Lenksystem	bar
$\Sigma_{\alpha} n_{\alpha} \zeta_{\alpha}$	Krümmungsdruckverlustfaktoren	-

10. Literaturverzeichnis

Alb-02 Albert, A.; Saak, M.; Burkardt, N.
Gezielte Problemlösung bei der Produktentwicklung mithilfe der SPALTEN-Methode.
47. Internationales Wissenschaftliches Kolloquium, Technische Universität Illmenau, 23.-26. September 2002

Alb-07 Albers, A.; Meboldt M.
SPALTEN Matrix – product development process on the basis of systems engineering and systematic problem solving.
Proceedings of the 17th CIRP Design Conference, Berlin 2007

Abe-06 Abel, D.; Bollig A.
Rapid Control Prototyping – Methoden und Anwendung
Springer-Verlag, Berlin, Heidelberg, 2006

Alt-96 Altmann, U.
Elektrisch abschaltbare Antriebseinheiten für Lenksysteme im PKW
Automobiltechnische Zeitschrift, Nr. 98 (1996), S. 254-255

Bal-98 Balzert, H.
Lehrbuch der Softwaretechnik – Software-Management, Software-Qualitätssicherung, Unternehmensmodellierung
Springer-Verlag, Berlin, Heidelberg, 1998

Bar-03 Barthel, R.
Ergonomische Betrachtung von Lenkassistenzfunktionen zur Fahrerunterstützung in kritischen Fahrsituationen
Dissertation, Institut für Arbeitswissenschaft, TU Darmstadt
Ergonomia-Verlag, Stuttgart, 2003

Ber-01 Bertram, T., Opgen-Rhein, P.
Modellbildung und Simulation mechatronischer Systeme – Virtueller Fahrversuch als Schlüsseltechnologie der Zukunft
Motortechnische Zeitschrift, Nr. 62 (2001), S. 20-26

Ber-05 Bertram, M.; Hafkemeyer, M.; Liebl, J., Schmitz, G.
Integriertes Energiemanagement für verbesserte Fahrdynamik und geringeren Verbrauch
IAV-Symposium Steuerungssysteme für den Antriebsstrang von Kraftfahrzeugen, Nr. 5 (2006), S. 216-238

BGL-08 Kostenentwicklung im Güterkraftverkehr – Einsatz im Fernbereich – von Januar 2007 bis Januar 2008
Bundesverband Güterkraftverkehr Logistik und Entsorgung (BGL) e.V.

BGL-09 Kostenentwicklung im Güterkraftverkehr – Einsatz im Fernbereich – von 1992 bis 2008
Bundesverband Güterkraftverkehr Logistik und Entsorgung (BGL) e.V.

Boe-76 Boehm, B. W.
Software Engineering
IEEE Transaction on Computers, C-25, 12, pp. 1216-1241, 1976

Boe-88 Boehm, B. W.
A Spiral Model of Software Development and Enhancement
IEEE Computer, Vol. 21, pp. 61-72, May 1988

Boo-04 Bootz, A.
Konzept eines energiesparenden elektrohydraulischen Closed-Center-Lenksystems für PKW mit hoher Lenkleistung
Dissertation, Darmstadt, 2004

Bos-08 Robert Bosch GmbH
62. IAA Nutzfahrzeuge 2008, ZF bedient Megatrends im Nkw-Bereich
Presseinformation, Hannover, Sept. 2008

Bru-05 Brunnschweiler, D.
Moderne Lenksysteme
Automobiltechnische Zeitschrift, Nr. 107 (2005), S. 104-109

Bru-08 Brunner, G.; Negele, K.
Electrification of the steering – an efficient and safe solution for commercial vehicles?
Steertech, Garching, 31. Mai-1.April 2008, S. 1-13

Bue-07 Büllesfeld, T.
Entwicklung eines Aktivlenkungsstellers und Inbetriebnahme des aktiven Lenksystems am Prüfstand (HiL)
Diplomarbeit, FH Bonn-Rhein-Sieg, 2007

Bus-63 Buschmann, H.; Koeßler, P.
Handbuch für den Kraftfahrzeugungenieur
Deutsche Verlagsanstalt, Stuttgart, 1964

Buu-90 Buur, J.
A Theoretical Approach to Mechatronics Design, Technical University of Denmark, Dissertation, 1990.

Cha-96 Chang, L.W, Leung, T.P.
Spiral design model for consumer mechatronic products
Mechatronics, Nr. 6 (1996), S. 35-51

Czi-08 Czichos, H.
Mechatronik Grundlagen und Anwendungen technischer Systeme
Vieweg-Verlag, 2. Aufl., Wiesbaden, 2008

Deu-06 Deuschle, M.
Gestaltung eines Prüffelds für die Fahrwerksentwicklung unter Berücksichtigung der virtuellen Produktentwicklung
Dissertation: Fakultät für Maschinenwesen, TU München, 2006

ECE-06 ECE-R79
Einheitliche Bedingungen für die Genehmigung der Fahrzeuge hinsichtlich der Lenkanlage
BMVBS, 2006

Fin-06 Findeisen
Ölhydraulik – Handbuch für die hydrostatische Leistungsübertragung in der Fluidtechnik
Springer-Verlag, 5. Auflage, Berlin, 2005

Föl-94 Föllinger, O.
Regelungstechnik – Einführung in die Methoden und Anwendung
Hüthig Verlag, Heidelberg, 1994

Gau-00 Gausmeier, J.
Entwicklungsumgebungen Mechatronik, Methoden und Werkzeuge zur Entwicklung mechatronischer Systeme
HNI- Verlagsschriftenreihe, Paderborn, 2000

Gei-07 Geimer, M.
Skript Vorlesung Fluidtechnik
Universität Karlsruhe, 2007

Gwe-06 Gwehenberger, J.; Schwertberger, W.; Daschner, D.
Wirkungspotenziale von Adaptive Cruise Control und Lane Guard System bei schweren Nutzfahrzeugen
Allianz Zentrum für Technik, Ismaning, 2006

Han-08 Hanitsch, R.
Energieeffiziente Antreibe ein Aspekt beim Energiemanagement´
Vorlesungsskript Institut für Energie- und Automatisierungstechnik
TU Berlin, 2008

Han-74 Hansen, F.
Konstruktionswissenshaft: Grundlagen und Methoden
Hanser-Verlag, München, 1974

Har-96 Harashima, F; Tomizuka, M; Fukuda, T.
Mechatronics - ;Why Is It, Why, How?“
An Editorial, IEEE/ASME, Transactions on Mechatronics, Vol. 1, No. 1, 1996

Her-02 Herkommer, R.
Ways towards Energy Saving in Hydraulic Steering Systems
Fluidtechnik, Nr. T3 (2002), S. 465 – 474

Hil-09 Hilgers, M.
Wo geht die Energie des Diesels hin? Wie gestaltet man den verbrauchsoptimalen Lastkraftwagen?
VDI-Berichte Nr. 2068, 2009, S. 19 - 38

Hua-02 Huang, M.
Funktionsmodellierung und Lösungsfindung mechatronischer Produkte
Dissertation, Fachbereich Rechneranwendung in Planung und Konstruktion
Universität Karlsruhe (TH)
Shaker-Verlag, Aachen, 2002

Ise-07 Isermann, R.
Mechatronische Systeme – Grundlagen
Springer-Verlag, Berlin, Heidelberg, 2007

IEC-98 IEC 61508
Funktionale Sicherheit sicherheitsbezogener elektrischer / elektronischer / programmierbar elektronischer Systeme
IEC 61508: 1998 + Corrigendum 1999, Deutsche Fassung EN 61508:2001

ISO-00 ISO 9001
Entwicklungsmethodik für Geräte mit Steuerung durch Mikroelektronik
Beuth-Verlag, 2000

ISO-07 DIN ISO 4409
Fluidtechnik Hydropumpen, -motoren und Kompaktgetriebe - Verfahren zur Prüfung und Darstellung der Leistung bei konstanten Betriebsbedingungen
Beuth-Verlag, 2007

ISO-08 ISO (WD) 26262
Road vehicles – Functional safety
Working Draft

Jab-08 Jablonski, T.; Schumann, H.; Busse, C.; Haussmann, H.; Hallmann, U.; Dreyer, D.; Schöttler, F.
Die neue elektromechanische Lenkung APA-BS
ATZ-Elektronik, Heft 1, 2008, S. 30-35

Jap-71 Japan Trade Mark Kohoku
Class 9, Shou 46-32713, Jan 1971

Jap-72 Japan Trade Registration No. 946594, Jan 1972

Kal-97 Kallenbach, E.; Birli, O; Saffert, E; Schäffel, C
Zur Gestaltung integrierter mechatronischer Produkte in: Tagung Mechatronik – Mechanisch/Elektrische Antriebstechnik, Moers:
VDI-Berichte, Nr. 1315 (1997)

Kar-07 Karch, G.; Mayer, J.; Merz J.
Potenziale zur Energieeinsparung bei gleichzeitigem Funktionsvorteilen durch moderne Lenkungstechnik
VDI-Berichte, Nr. 2000 (2007), S. 147-160

Kim-79 Kimm,R.; Koch, W.; Simonsmeier, W.; Tontsch, F.:
Einführung in Software Engineering
Gruyter-Verlag, 1979

Kol-94 Koller, R.
Konstruktionslehre für den Maschinenbau: Grundlagen Arbeitsschritte, Prinziplösungen
Springer-Verlag, 1994, Berlin

Kos-03 Koskinen, K.; Vilenius, M.
Modeling and simulation of a conventional hydraulic powersteering system for passenger cars
Scandinavian International Conference on Fluid Power (2003)

Kue-99 Kümmel, A. M.
Integration von Methoden und Werkzeugen zur Entwicklung von mechatronischen Systemen
Dissertation, Universität-Gesamthochschule Paderborn, 1999

Kru-99 Kruchten, P.
Der Rational Unified Process . Eine Einführung
Addison-Wesley, 2. Aufl., 1999, München

Lau-02 Lauth, H. J.; Webert, D.; Scholz, T.; Agne, I.
Bedarfsorientiert ansteuerbare Pumpen – Reduzierte Leistungsaufnahme von Lenk-, Fahrwerks- und Getriebesystemen
Luk Kolloquium, Nr. 7 (2002), S. 99 - 111

Lip-01 Lippold, C.
Eine domäneübergreifende Konzeptionsumgebung für die Entwicklung mechatronischer Systeme
Dissertation Fakultät für Maschinenbau, Universität Bochum
Shaker-Verlag, Aachen 2001

Lov-06 Lovric, T.
Sicherheitsanforderungen an Fahrerassistenzsysteme – Mobilität sicher genießen, 2. Sachverständigentag 11. – 12. Sept. 2006, Berlin

Lub-08 Lubischer, F; Pickenhahn J.; Gessat J.; Gilles L.
Kraftstoffeinsparpotenzial durch Lenkung und Bremsung
ATZ, 11/2008, S. 998-1005

Lüc-97 Lückel, J. Kümmel, J;. Wallaschek. J.
Domänenübergreifende Vorgehensmodelle der Mechatronik.
1.Auflage, HNI- Verlagsschriftenreihe, Band 23, Paderborn, 1997

Lüc-00 Lückel, J.; Koch, T.; Schmitz, J.
Mechatronik als integrative Basis für innovative Produkte
VDI-Tagung, Mechatronik - Mechanisch/Elektrische Antriebstechnik, 29./30. März 2000, Wiesloch; VDI-Verlag, Düsseldorf, 2000

Met-73 Metzger, P. H.
Managing a programming project
Prentice-Hall Inc., Englewood Cliffs (NJ),1973

Miq-07 Miquet, C., Gazeau, Y.
Validierung der elektrischen Parkbremse im Citroën C4 Picasso
Sonderausgabe ATZ und MTZ, Juni 2007, S. 61-62

Moc-93 Mochizuki, T.
Development of the Variable Displacement Vane Pump for the Automotive Power Steering System
SAE Technical Paper 93026: 1993

Moe-04 Möhringer, S.
Entwicklungsmethodik für mechatronische Systeme,
Habilitation, Fachbereich Maschinenbautechnik, Universität Paderborn
HNI-Verlagsschriftenreihe, Paderborn, 2004

Moe-05 Möhringer, S.
Gibt es ein gemeinsames Vorghen in der Mechatronik? Bestandsaufnahme gängiger Entwicklungsmethodiken und Handlungsempfehlungen
VDI-Berichte, Nr. 1892 (2005), S. 229-251

Mül-90 Müller, J.
Arbeitsmethoden der Technikwissenschaft
Springer-Verlag, Berlin Heidelberg, 1990

Mue-05 Müller, S.
Zukünftige elektro-hydraulische Servolenksysteme. Anforderungen sind geringer Energieverbrauch und vollständige Steer-by-Wire-Funktionalität
Ölhydraulik und Pneumatik, Nr. 49 (2005), S. 542-546

Mue-04 Müller, S.
Future Mechatronical Steering Systems for Full Steer-By-Wire Functionality and Low Fuel Consumption
7. Inernational Symposium on Advanced Vehicle Control, 2004, S. 773-779

Nev-08 Neveu, C. D. Herog, S. N., Simko, R. P.; Alibert, M. J.
Influence of hydraulic fluid selection on vane pump efficiency and fluid temperatue
National Conference on Fluid Power, Nr. 51, 2008, S. 67-73

Nut-07 Nutsch, T; Braun, A.
Sicherheits- und Komfortgewinn durch Hybridlenkungen Assistenzfunktionen mittels Momentenüberlagerung
VDI-Berichte, Nr. 1986 (2007), S. 133-148

Ope-05 Operin, D.
Modellbasierte Lenkungsanalyse
Diplomarbeit Universität Karlsruhe (TH), 2005

Pah-97 Pahl, G.; Beitz, W.
Konstruktionslehre – Methoden und Anwendung
Springer-Verlag, Berlin, 1997

Pöt-05 Pötzl, T; Kornhaas, R.; Karch, G.
Anforderungen an zukünftige Lenksysteme bis zur Fahrzeugoberklasse
VDI-Berichte, Nr. 1907 (2005), S. 673-682

Pov-78 Povel, R.
Theoretische Analyse des dynamischen Verhaltens eines mechanisch-hydraulischen Regelsystems am Beispiel einer Servolenkung
Dissertation, Fakultät für Maschinenbau Uni Karlsruhe (TH), 1978

Rod-91 Rodenacker, W.G.
Methodisches Konstruieren
Konstruktionsbücher, Bd. 27, Springer 1991

Rot-94 Roth, K.
Konstruieren mit Konstruktionskatalogen
2. Auflage, Band 1: Konstruktionslehre, Springer, 1994

Ruc-96 Ruck, G.
Entwicklungstendenzen bei Servolenksystemen
Ölhydraulik und Pneumatik, Nr. 40 (1996), S. 404-410

Sch-02 Schmidt, M.
Maßnahmen zur Reduktion des Energieverbrauchs von Nebenaggregaten im Kraftfahrzeug
Dissertation, Institut für Automatisierungstechnik TU Darmstadt
VDI Fortschritt-Bericht, Reihe 12, Nr. 537

Sch-04 Schweder, R, Scherer, M., Herzog S. N., Neveu, C.D. Placek D.
Reduce energy consumption and increase performance by selecting the optimum viscosity grade of hydraulic fluid
International Colloquium Tribology, Nr. 14 (2004), S. 1617-1628

Sch-06 Schyr, C.; Christ, C.
Anforderungen an Prüfstände für Hybridfahrzeuge
ATZ/MTZ-Konferenz, Nov. 2006, Wiesbaden, S. 1-12

Sch-07 Schröder, D.
Elektrische Antriebe - Grundlagen
Springer-Verlag,; 3. Auflage, 2007, Berlin

Sto-92 Stoll, H.
Fahrwerktechnik: Lenkanlagen und Hilfskraftlenkungen
Vogel-Verlag, Würzburg: 1992

Stö-08 Störmer, Y.
„Dank konsequenter Hybridisierung sind alle Nebenaggregate elektrisch betrieben."
Daimler AG, Hybridtechnologie, S. 39-43, 2008

StB-04 StBA, Statistisches Bundesamt Wiesbaden
Verkehrsunfälle 2003,
Fachserie 8, Reihe 7. Stuttgart: Metzler-Poeschel.

Thy-06 ThyssenKrupp Presta SteerTec
ThyssenKrupp Presta SteerTec präsentiert weltweit größte Zahnstangenlenkung
Fachpressemitteilung, Hannover, 26.09.2006

Tok-97 Tokumoto, Y.
Development of energy-saving pump for hydraulic power steering
JSAE Review, Nr. 18 (1997), S. 310-113

VDA-08 Verband der Automobilindustrie
Qualitätsmanagement in der Automobilindustrie – Dokumentation und Archivierung
VDA, Oberursel, 2008

VDI-04 VDI Richtlinie 2206
Entwicklungsmethodik für mechatronische Systeme
Beuth Verlag, Berlin, 2004

VDI-93 VDI Richtlinie 2221
Methodik zum Entwickeln und Konstruieren technischer Systeme und Produkte
Beuth Verlag, Berlin, 1993

VDI-94 VDI/VDE-Richtlinie 2422,
Entwicklungsmethodik für Geräte mit Steuerung durch Mikroelektronik
Beuth Verlag Berlin, 1994

VDI-97 VDI Richtlinie 2222
Konstruktionsmethodik – Methodisches Entwickeln von Lösungsprinzipien
Beuth Verlag, Berlin, 1997

Ver-00 Versteegen, G
Projektmanagement mit dem Rational Unified Process
Springer-Verlag, Berlin Heidelberg, 2000

Wal-95 Wallaschek, J.
Modellierung und Simulation als Beitrag zur Verkürzung der Entwicklungszeiten mechatronischer Systeme
Simulation in der Praxis – Neue Produkte effizienter entwickeln
VDI-Berichte, Nr. 1215 (1995), S. 35-50

Web-01 Weber, T.
Entwicklung des Lenkventils einer hydraulischen Fahrzeuglenkung mit Konstantdrucknetz
Studienarbeit, TU Darmstadt, 2001 in Bootz, Konzept eines energiesparenden elektrohydraulischen Closed-Center-Lenksystems für PKW mit hoher Lenkleistung, Dissertation, Darmstadt, 2004

Web-08 Weber, J.
Modellierung von hybriden Lenksystemdesignvarianten und deren Regelstrategien – Abschätzung des Kraftstoffeinsparpotenzials und Validierungsvorgehensweise des Energieflussmodells
Diplomarbeit, Universität Karlsruhe, 2008

Wen-07 Wentao Y.; Williams D.
Energy saving analysis of power steering systems by varying flow design
SAE-SP, Nr 2145 (2007), S. 13-18

Wel-92 Welschof, B.
Analytische Untersuchungen über die Einsatzmöglichkeiten einer sauggedrosselten Hydraulikpumpe zur Leistungssteuerung
Dissertation RWTH Aachen, 1992

Wie-05 Wiertz, A.; Gessat, J.
Eine neue Generation elektro-hydraulischer Servolenkungen
Automobiltechnische Zeitschrift, Nr. 107, (2005) S. 586-593

Wik-98 Wikander, J., Törngren, M.
Mechatronics as an engineering science
Proceedings of 6th Mechatronics Forum International Conference Mechatronics, Pergamon, London, pp. 651-656.

Woh-94 Wohnhaas, T.
Simulation von Kraftfahrzeug-Lenkungen unter besonderer Berücksichtigung von Reibung Spiel
Dissertation: Institut für Verbrennungsmotoren und Kraftfahrwesen, Universität Stuttgart, 1994

Xue-05 Xue, Y.; Watton, J.
Modelling of a hydraulic power steering system
International Journal of Vehicle Design, Band 38 (2005), S. 162-178

Zfl-08a ZF-Lenksysteme
ZF-Servolectric - Die elektrische Servolenkung für Pkw
Kundeninformation, ZF-Lenksysteme, Schwäbisch Gmünd, 2008

Zfl-08b ZF-Lenksysteme
Lenksysteme und Zubehör für Nutzfahrzeuge
Kundeninformation, ZF-Lenksysteme, Schwäbisch Gmünd, 2008

Zfl-08c ZF-Lenksysteme
Lenkungspumpen für Personenkraftwagen und Nutzfahrzeuge
Kundeninformation, ZF-Lenksysteme, Schwäbisch Gmünd, 2008

Zie-08 Ziegele, A.
ZF Lenksysteme bedient Megatrends im Nkw-Bereich
Wissensportal Baumaschine, 2008

Zom-91 Zomotor, A.
Fahrwerktechnik: Fahrverhalten
Vogel-Verlag: 1991, Würzburg

Offenlegungsschriften

DE-21 Schwarzhaupt, A.; Sulzmann, A., Vegh I., Wiesel, U.
Lenksystem für ein Kraftfahrzeug
Offenlegungsschrift DE102007034404A1 (2008)

DE-41 Schwarzhaupt, A., Spiegelberg, G., Vegh, I. Wiesel, U.
Kupplungsvorrichtung für ein Lenksystem
Offenlegungsschrift DE102006017728A1

DE-42 Schwarzhaupt, A.; Sulzmann, A., Wiesel, U.
Hybrides Lenksystem und zugehöriges Steuerungsverfahren
Offenlegungsschrift DE102007061205A1

DE-43 Rothmund, M., Schwarzhaupt, A., Sulzmann, A. Vegh, I., Wiesel, U.
Lenksystem
Offenlegungsschrift DE102007047408A1

DE-51 Büllesfeld, T., Schwarzhaupt, A., Sulzmann, A., Wiesel U.
Aktives Lenksystem
Offenlegungsschrift DE102007025747A1 (2008)

Internetquellen

www-21 Fachpresse-Mitteilung, 08.07.2008
Mehr Sicherheit und Komfort im Nutzfahrzeug
www.zf.com

www-31 Mathworks
Matlab/Simulink
www.mathworks.de

www-34 dspace
Microautobox – Platform for in-vehicle function prototyping
www.dspace.com

www-41 Fluidon Gesellschaft für Fluidtechnik mbH
DSHplus - Bauteilhandbuch Lenkungskomponenten
www.fluidon.com

www-71 Knorr: Drucklufteinblasung gegen Turboloch
26.09.2008
http://www.atzonline.de

A. Anhang

A1 Parameterkategorisierung und Größenbereichsdefinition

A2 Modellierungs- und Validierungsstufen (Güte und Aufwandsschätzung)

A3 Daten experimentelle Versuchsumgebung

A3.1 Nebenaggregateprüfstand

A3.2 Erprobungsfahrzeug

A4 Experimentelle Messungen

A4.1 Lenkhelfpumpe

A4.2 Leitungen

A1 Parameterkategorisierung und Größenbereichsdefinition

Tab. A1.1: Minimal-, Nominal- und Maximalwerte für die Parameter zur Beschreibung der Leistungsbilanz als Basis für die Sensitivitätsanalyse:

	Parameter	Systemkonfigurations-spezifische Parameter	Baureihenspezifische Parameter	Nutzungsprofilspezifische Parameter	Minimalwerte	Nominalwerte	Maximalwerte
LHP	n_{mot} (Motordrehzahl)			x	560 U/min	1100 U/min	2500 U/min
					Leerlaufdrehzahl	Mittleres Lastkollektiv (Autobahnfahrt)	Serpetinenfahrt
	i_{LHP} (Übersetzung KW/LHP)		x		1,4		
	η_{LHP} (Wirkungsgrad LHP)	x	x	x	0,3	0,5	0,9
					Hohe Motordrehzahl	Normalfahrt	optimale Rahmenbedingungen
	$V_{Schluck}$ (Schluckvolumen)	x	x		2 ccm/U	20,9 ccm/U (22,9 ccm/U bei Verstellpumpe wg. 2 ccm für Verstellmechanismus-betrieb)	20,9 ccm/U (22,9 ccm/U bei Verstellpumpe wg. 2 ccm für Verstellmechanismus-betrieb)
					Ausschließlich bei aktivem Volumenstromverstell-mechanismus mit ansteuerbarer Verstellpumpe	Konventionelle LHP für Fernverkehr	
	Q_{SYS} (Volumenstrombegrenzung)	x	x		0l/min	20,5 l/min	20,5 l/min
					Hydraulisches Lenken: 16 l/min bei Leerlaufdrehzahl Elektrisches Lenken: 2 l/min bei Bypass- und Verstellpumpe, 0 l/min bei Trennkupplung	Abgeregelter Systemvolumenstrom	Abgeregelter Systemvolumenstrom
Leitung	$\eta_{Öl}$ (dyn. Viskosität)		x	x	0,1 Ns/(m^2)	0,3 Ns/(m^2)	0,5 Ns/(m^2)
					hohe Öltemperatur (T=80°C)	nominale Öltemperatur (T=60°C)	niedrige Öltemperatur (T=20°C)
	$\nu_{Öl}$ (kinem. Viskosität)		x	x	7,2 mm^2/s	18 mm^2/s	43 mm^2/s
					hohe Öltemperatur	nominale Öltemperatur	niedrige Öltemperatur
	$\rho_{Öl}$ (Dichte Ol)		x	x	812,75 kg/m^3	825,75 kg/m^3	864,75 kg/m^3
					niedrige Öltemperatur (T=20°C)	nominale Öltemperatur (T=60°C)	hohe Öltemperatur (T=80°C)
	l (Leitungslänge Hydraulik)		x		5 m	14 m	25 m
					leichtes Nfz	schweres Nfz inkl. Lenkkühlleitung	Leitungslänge Gelenkbus

Leitung	r_i (Innenradius Leitung)		x		6 mm	7,5 mm	9 mm
					Druckleitungen	Gemittelter Leitungsradius	Rückflussleitung
	$\Sigma n^*\zeta$ (Krümmungsdruckverlust-faktor Leitung)		x		10	20	30
					Günstige Leitungsführung	durchschnittliche Leitungsführung	Ungünstige Leitungsführung
Lenkgetriebe	M_{servo} (Servomoment)			x	0 Nm	300 Nm	6000 Nm
					Ideale Geradeausfahrt ohne Lenkhilfe	Mittleres Servomoment bei mittlerem Lastkollektiv (Autobahnfahrt)	Maximale Lenkhilfe Hydraulische Lenkhilfe: 6000 Nm Elektrische Lenkhilfe: 1100 Nm
	A_{Kb} (Kolbenfläche)	x			102 mm²		
	r_{sw} (Hebelarm)				0,046 m	0,046 m	0,054 m
					Mittelstellung Lenkrad	Mittelstellung Lenkrad	Mittelstellung Lenkrad
	p_{sevo} (Servodruck)				0 bar	7 bar	150 bar
					Ideale Geradeausfahrt	Mittlerer Lenkgetriebedruck	Max. Lenkgetriebedruck
	$\Delta p_{SV,v}$ (Druckverlust Steuerventil)	x		x	0,6 bar (0 bar)	1 bar	2 bar
					Hydraulisches Lenken: 0,6 bar bei Leerlaufdrehzahl und Warmlauf E-Lenken: 0 bar bei Systemvolumenstromd rosselung	Hydraulisches Lenken: abgeregelter Systemvolumenstrom und Betriebstemperatur (60°C)	Hydraulisches Lenken: abgeregelter Systemvolumenstrom (bei ca. 20°C)
Ölfilter	$\Delta p_{ÖF,v}$ (Druckverlust Ölfilter)	x	x	x	0,3 bar	0,4 bar	0,6 bar
					Systemvolumenstrom bei Leerlaufdrehzahl und Filtertyp 20 µm	Abgeregelter Systemvolumenstrom und Filtertyp 10 µm	Abgeregelter Systemvolumenstrom und Filtertyp 3 µm
Generator	η_{Gen} (Generatorwirkungsgrad)		x	x	0,60	0,75	0,79
					Betriebsbedingungen (I_{Gen}=50A, 100°C)	Mittlere Betriebsbedingungen (I_{Gen}=20A, 60°C)	Betriebsbedingungen (I_{Gen}=20A, 40°C)
Leistugskennlinie	P_{el} Leistungsbedarf	x		x	20 W (Leistungselektronik)	100 W (bei 300 Nm Servomoment) + 10 W (Verstellmechanismus Bypass- und Verstellpumpe), alternativ + 100 W (Kupplung)	960 W maximales Servomoment 860 (1100 Nm) 100 W Verstellmechanismus
					Annahme: Äquivalentes Servomoment: Werte aus Voruntersuchung durch Vermessung des elektrischen Stellers	Bemerkung: Hydraulische Verluste während des E-Lenkens auf 180 W festgelegt	

A2 Modellierungs- und Validierungsstufen (Güte und Aufwandsschätzung)

Parameter	Modellierungsart	Validierungsumgebung	Vorgehensweise	Güte G_{SP} [%]	Aufwand A_{Aufbau}	A_{Adapt}	A_{Mess}	$A_{Auswert}$	A_{SPi} (Gesamtaufwand)
Wirkungsgrad Lenkhelfpumpe η_{LHP}	K	WI	Konstantannahme (aus technischem Datenblatt Lieferant)	20%	0	0	0	0,5	**0,5**
	KL	WI	Kennlinienermittlung in Abh. von n_{LHP} (aus Kennfeld des Lieferanten)	75 %	0	0	0	1	**1**
	KF	WI	Mehrdimensionales Kennfeld in Abh. von n_{LHP}, p_{LHP} (aus Kennfeld des Lieferanten)	80%	0	0	0	1,5	**1,5**
	KF	PE	Ermittlung eines 3D-Kennfeldes in Abh. von p_{LHP}, n_{LHP}, T durch Vermessung der LHP am vorhandenen Nebenaggregatprüfstand Handlungsbedarf: - Drucksensierung - Volumenstrom-sensierung - Temp.-sensierung	99,2%	0	40	12	3	**55**
Radius Segmentwelle r_{SW}	KW	WI	Konstantwert von Lenkradmittelstellung aus techn. Datenblatt Lenkgetriebe	90	0	0	0	0,5	**0,5**
	KL	WI	Kennlinie in Abhängigkeit von δ_{LW} Berechnung über Lenkgetriebeübersetzung Information aus techn. Datenblatt Lenkgetriebe	99,9	0	0	0	3,5	**3,5**
Servomoment M_{servo}	KL	WI	Berechnung über nichtlineares Einspurmodell und Lenkkraftmodell 1 inkl. Steuerventilkennlinie in Abh. von	90	0	0	10	50	**60**

			Fahrgeschwindigkeit u. Lenkradwinkel aus Lastzyklus Handlungsbedarf: 1. Nichtlineares Einspurmodell aus Modellbibliothek des Entwicklungsbereichs aufbereiten 2. Neue Modellierung des Lenkkraftmodells						
	KL	ET-2	Handlungsbedarf: - Drucksensierung des Lenkgetriebes zur Servodruckmessung und Berechnung des Servomoments	99	0	20	10	1	**30**
Wirkungsgrad Lenkgetriebe η_{LG}	KW	WI	Mittlerer Konstantwert Information aus techn. Datenblatt Lenkge-triebe	94	0	0	0	0,5	**0,5**
	KL	PE-2	Vermessung des Wirkungsgrades in Abhängigkeit von der Last an einem neu zu errichtenden hydr. Lenkgetriebeprüfstand Handlungsbedarf: - Mech. Aufbau - Lastzylinder - Hydrauliksensierung - Lenkkinematiksen-sierung	99	60	0	0	2	**82**
System-volumenstrom Q_{SYS}	KW	WI	Konstantannahme für hydr. u. el. Lenken Information aus techn. Datenblatt LHP	80	0	0	0	0,5	**0,5**
	KL	WI	Kennlinie in Abh. von n_{LHP} für hydr. u. el. Lenken Information aus techn. Datenblatt LHP	94	0	0	0	1	**1**
	KF	PE-1	Mehrdimensionales Kennfeld in Abh. von n_{LHP}, p_{LHP} für hydr. u. el. Lenken Information aus techn. Datenblatt LHP	96	0	0	0	7	**7**
	KF	PE-1	Ermittlung eines mehrdimensionalen Kennfeldes in Abh. von p_{LHP}, n_{LHP}, T für hydr. u. el. Lenken durch Vermessung der LHP am vorhandenen	99	0	40	12	3	**55**

			Nebenaggregate-prüfstand Handlungsbedarf: - Drucksensierung - Volumenstrom-sensierung - Temp.-sensierung						
Innenleitungs-radius ***r_i***	KW	WI	Konstantwert ohne Unterscheidung zwischen Druckseite, Rückfluss und Ansaugseite baureihenunabh.	70	0	0	0	0,5	**0,5**
	KW	WI	Differenzierung zw. - Druckseite - Rückfluss - Ansaugseite baureihenunabh.	85	0	0	0	1,5	**1,5**
	KW	WI	Differenzierung zw. - Druckseite - Rückfluss - Ansaugseite baureihenabh. DMU-Analyse	99,9	0	0	0	4,5	**4,5**
Elektrischer Leistungsbedarf E-Lenken ***P_{El}***	KL	ET-1	Kennlinie Leistungsbedarf E-Motor und Volumenstromverstell-mechanismus in Abh. von M_{servo} am vorhandenen Erprobungsträger Handlungsbedarf: - Integration - Spannungs- und Stromsensierung	90	0	15	1,5	1,5	**19**
	KL	PE-2	Kennlinie Leistungsbedarf E-Motor und Volumenstromverstell-mechanismus in Abh. von M_{servo} an neu zu errichtendem Lenkgetriebeprüfstand unter Laborbedingungen ohne Hydraulik Handlungsbedarf: - mech. Aufbau - Lastzylinder - Restbussimulation - E-Versorgung - E-Sensierung	95	45	0	3,5	1,5	**50**

	KF	PE-2	Mehrdimensionales Kennfeld Leistungsbedarf E-Motor und Volumenstromverstell-mechanismus in Abh. von M_{servo}, $\dot{\delta}_{LW}$ an neu zu errichtendem Lenkgetriebeprüfstand unter Laborbedingungen ohne Hydraulik Handlungsbedarf: - Lenkungsaktor - Restbussimulation - E-Versorgung - E-Sensierung	99	70	0	9	3	**82**
Wirkungsgrad Generator η_{Gen}	KW	WI	Konstantwert Information aus techn. Datenblatt Generator	83	0	0	0	0,5	**0,5**
	KL	WI	Kennlinie in Abh. von n_{Gen} Information aus techn.Datenblatt Generator	90	0	0	0	1	**1**
	KF	WI	Kennfeld in Abh. von n_{Gen}, I_{Gen} Information aus techn. Datenblatt Generator	98	0	0	0	1,5	**1,5**
	KF	WI	Kennfeld in Abh. von n_{Gen}, I_{Gen}, T Information aus techn. Datenblatt Generator	99,9	0	0	0	2	**2**
Dichte Lenkungsöl $\rho_{Öl}$	KW	WI	Konstantwert aus technischem Datenblatt	87	0	0	0	0,5	**0,5**
	KL	WI	Kennlinie in Abh. von $T_{Öl}$ aus techn. Datenblatt und/oder math. Modell	96	0	0	0	5	**5**
	KF	WI	Kennfeld in Abh. von $T_{Öl}$ und p aus techn. Datenblatt und/oder math. Modell	98	0	0	0	6	**6**
Druckverlust Steuerventil $\Delta p_{SV,v}$	KW	WI	Konstantwert für hydr. u. el. Lenken Schätzwert	50	0	0	0	0,5	**0,5**

	KL	ET-1	Kennlinie für hydr. u. el. Lenken in Abh. von Q_{sys}	85	0	0	0	2	**2**
	KF	ET-1	Mehrdimensionales Kennfeld für hydr. u. el. Lenken in Abh. von Q_{sys}, $T_{Öl}$	90	0	0	1,5	1	**2,5**
	KF	PE-2	Mehrdimensionales Kennfeld für hydr. u. el. Lenken in Abh. von Q_{sys}, $T_{Öl}$, $\dot{\delta}_{LW}$ Handlungsbedarf: - mech. Aufbau - Lenkungsaktor - Hydrauliksensierung	99	60	0	12	3	**75**
Viskosität Lenkungsöl $\nu_{Öl}$	KW	WI	Konstantwert bei Nominaltemperatur Technisches Datenblatt Lenkungsöl/Literatur-wert	50	0	0	0	0,5	**0,5**
	KL	WI	Ubbelohdenäherung in Abh. von $T_{Öl}$	95	0	0	0	5	**5**
	KL	WI	Kennlinie vom Zulieferer aus techn. Datenblatt Lenkungsöl	98	0	0	0	6	**6**
Leitungslänge L	KW	WI	Konstantwert ohne Unterscheidung zwischen Druckseite, Rückfluss und Ansaugseite baureihenunabh.	50	0	0	0	1	**1**
	KW	WI	Differenzierung zw. - Druckseite - Rückfluss - Ansaugseite baureihenunabh.	90	0	0	0	1,5	**1,5**
	KW	WI	Differenzierung zw. - Druckseite - Rückfluss - Ansaugseite baureihenabh. DMU-Analyse	99,9	0	0	0	4,5	**4,5**
Druckverlust Ölfilter $\Delta p_{Öl}$	KW	WI	Konstantwert	50	0	0	0	0,5	**0,5**

	KL	WI	Kennlinie in Abh. von Q_{sys} (Filtertyp mittlerer Filterstärke) Information aus Techn. Datenblatt Ölfilterhersteller	90	0	0	0	1	**1**
	KL	WI	Kennlinie in Abh. von Q_{sys}, Filtertyp (baureihenspez.) Information aus techn. Datenblatt Ölfiterhersteller - Baureihenspez. Verbauungsdatenbank	97	0	0	0	1,5	**1,5**
Krümmungs-druckverlust-faktor Leitung Σ **n*ζ**	KW	WI	Konstantwert ohne Unterscheidung zwischen Druckseite Rückfluss und Ansaugseite baureihenunabh.	50	0	0	0	0,5	**0,5**
	KW	WI	Differenzierung zw. - Druckseite - Rückfluss - Ansaugseite baureihenunabh.	80	0	0	0	3	**3**
	KW	WI	Differenzierung zw. - Druckseite - Rückfluss - Ansaugseite baureihenabh. DMU-Analyse	99	0	0	0	6	**6**

A3 Daten aus experimenteller Versuchsumgebung

A3.1 Nebenaggregateprüfstand PE-1

Sensorik Nebenaggregateprüfstand

Sensortyp	Hersteller	Bezeichnung	Genauigkeit
Drucksensor	Hydrotechnik	HAT-PD	± 0,25% vom Endwert
Temperatursensor	SAB Bröckskes	MTE 302	< ± 1% vom Endwert
Volumenstromsensor	Hydrotechnik	Zahnrad-Durchfluss-Sensor-GFM	± 0,4%-05% vom Endwert
Drehmomentsensor	HBM	TF10	< ± 0,1% vom Endwert
Drehzahlsensor	Parker	F11/F12-P	< 0,5% vom Endwert
Strom- und Spannungssensor	Klaric	KLARI-MOD MC	< 0,5% vom Endwert
Messverstärker Drucksensoren	Ipetronik	SIM-SENS	k. A.
Messverstärker Temperatursensoren	Ipetronik	SIM-Thermo	k. A.

Aktorik Nebenaggregateprüfstand

Hydromotor	
Antriebsleistung	60 kW
Drehzahlbereich	0-6000 U/min
Drehmomentbereich	0-90 Nm
Volumenstromverstellmechanismus Fluid Team Stromregelventil EPSR3-20-SO-1-24V	
Max. Regelbereich	0-25l/min
Mindest-Druckdifferenz	4 bar
Temperaturbereich	-20-80°C
Maximaler Betriebsdruck	230 bar

Prüfstandssteuerung

Typ	Hersteller	Bezeichnung	Version
Prüfstandsrechner	dspace	Microautobox 1401	k. A
Prüfstandssoftware	dspace	Controldesk	5.3

Lenkhelfpumpe

Typ	Hersteller
Konventionelle LHP	Ixetic
Schluckvolumen	21 ccm
Systemvolumenstrom	18 l/min + 30ccm
Max. Druck	150 bar

Öl

Typ	Hersteller
PSF Titan	Fuchs

A3.2 Erprobungsträger ET-1

Technische Daten Erprobungsträger ET-1

Fahrzeugtyp:	MB-Axor 1840, 4x2, 3600
Fahrzeuggewicht	6870 kg
Gewichtsverteilung (HA:VA)	29:71
Lenkhelfpumpe	Ansteuerbare Bypasspumpe (siehe aktiver Volumenstromverstellmechanismus)
Lenkungsöl	PSF-Titan (Fuchs)

Technische Daten Lenksystemsensorik

Sensortyp	Hersteller	Bezeichnung	Genauigkeit
Drucksensor	Hydrotechnik	HT-PD	± 0,25% vom Endwert
Temperatursensor	SAB Bröckskes	MTE 302	< ± 1% vom Endwert
Volumenstromsensor	Hydrotechnik	Zahnrad-Durchfluss-Sensor-GFM	± 0,4%-05% vom Endwert
Messlenkrad	Caesar	CL3	< ± 0,2% vom Endwert
Strom- und Spannungssensor	Klaric	KLARI-MOD MC	< 0,5% vom Endwert

Technische Daten Lenksystemaktorik (frühe Entwicklungsphase)

Elektromotor	**Emoteq Corp**
Bezeichnung	HighTorque HT 05002-FOX
Art	Innenläufer / High Torque Series
Dauermoment / Nm	4,3
Spitzenmoment / Nm	14
Rastmoment /Nm	0,135
Polzahl	12
Durchmesser / mm	127
Baulänge / mm	50,5
Volumenbezogene Drehmomentdichte [Nm/dm³]	6,7
Gewicht / g	3380
Leistungselektronik	**MACCON GmbH**
Bezeichnung	Sinus-Wechselrichtermodul (SWM)
Typ	SWM /048-25-ET
Nennspannung DC / V	12 - 60
Dauerstrom / A	25
Spitzenstrom / A	50
Kommutierungsart	Sinusförmig
Max. Kommutierungsfrequenz /kHz	2
Abmessungen / mm	189 x 188 x 71
Schutzart	IP54
Gewicht / g	2000

Technische Daten aktiver Volumenstromverstellmechanismus (frühe Entwicklungsphase)

Volumenstromverstellmechanismus Fluid Team Stromregelventil EPSR3-20-SO-1-24V	
Max. Regelbereich	0-25l/min
Mindest-Druckdifferenz	4 bar
Temperaturbereich	-20-80°C
Maximaler Betriebsdruck	230 bar

Technische Daten hybrides Lenksystem Servotwin (für Leistungsbilanzbetrachtung)

Hersteller Hybrides Lenksystem „Servotwin"	**ZF-Lenksysteme GmbH**
Mechanische Übersetzung	1:17 – 1:20
Hydraulische Lenkhilfe	
Max. Lenkgetriebedruck / Servomoment	150 bar (8015 Nm)
Elektrische Lenkhilfe (12-V)	
Max. Motormoment	3,2 Nm
Übersetzung Schneckengetriebe (Motor - Lenkgetriebeeingangswelle)	1:21

Technische Daten Volumenstromverstellmechanismus (für Leistungsbilanzbetrachtung)

Hersteller ansteuerbare Bypasspumpe	**Ixetic GmbH**
Max. Druck	150 bar
Schluckvolumen	21ccm
Verstellbereich Systemvolumenstrom	3-18 (+30%) l/min (0-1A)

Tab. A2.6: RCP-Steuergerät

Typ	**Hersteller**	**Bezeichnung**	**Version**
Prüfstandsrechner	dspace	Microautobox 1401	k. A
Prüfstandssoftware	dspace	Controldesk	5.3

Erprobungsträger ET-2

Technische Daten Erprobungsträger ET-2

Fahrzeugtyp:	MB-Actros 1844, 4x2, 3600
Fahrzeuggewicht	7130 kg
Gewichtsverteilung (HA:VA)	26:74
Lenksystem	Thyssen Krupp LS8 (150 bar, i=1:18-1:21)
Lenkhelfpumpe	Tandempumpe 21ccm, Q_{SYS}=18l/min (+30%)
Ölsorte	PTF Titan (Fuchs)

Sensorik Erprobungsträger ET-2

Sensortyp	**Hersteller**	**Bezeichnung**	**Genauigkeit**
Drucksensor	Hydrotechnik	HT-PD	± 0,25% vom Endwert
Temperatursensor	SAB Bröckskes	MTE 302	< ± 1% vom Endwert
Volumenstromsensor	Hydrotechnik	Zahnrad-Durchfluss-Sensor-GFM	± 0,4%-05% vom Endwert
Messlenkrad	Caesar	CL3	< ± 0,2% vom Endwert
Strom- und Spannungssensor	Klaric	KLARI-MOD MC	< 0,5% vom Endwert

A4 Experimentelle Messungen

A4.1 Lenkhelfpumpe

Wirkungsgrad LHP bei T=60°C

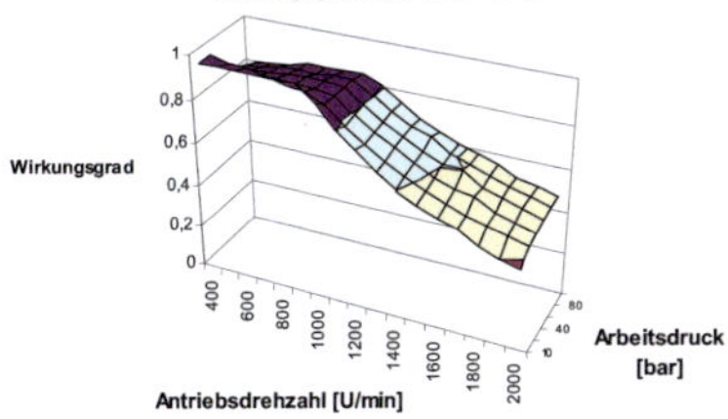

Wirkungsgrad LHP bei T=100°C

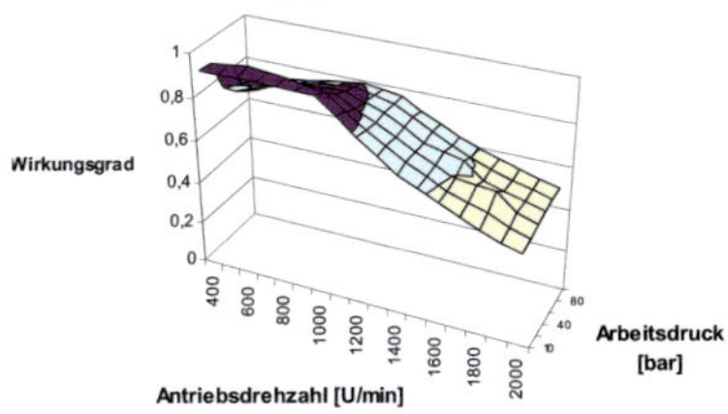

Systemvolumenstrom [l/min] bei T=60°C

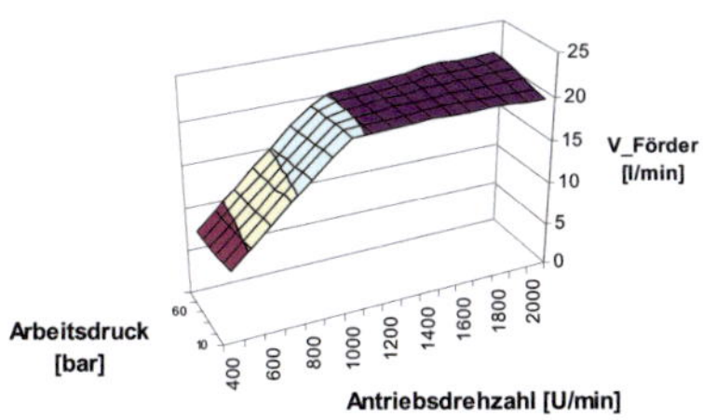

Systemvolumenstrom [l/min] bei T=100°C

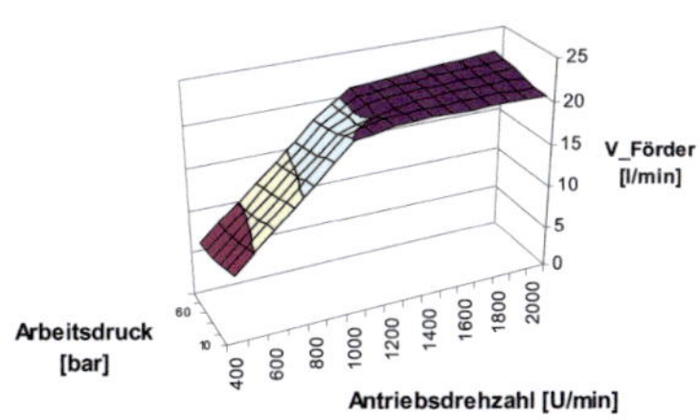

Schluckvolumen [cm^3/U] bei T=60°C

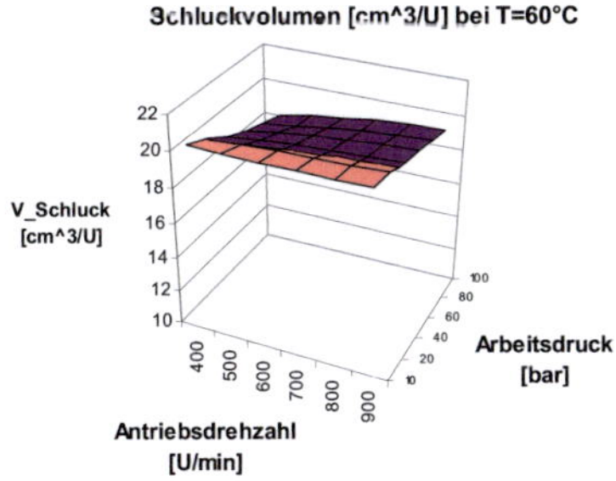

Schluckvolumen [cm^3/U] bei T=80°C

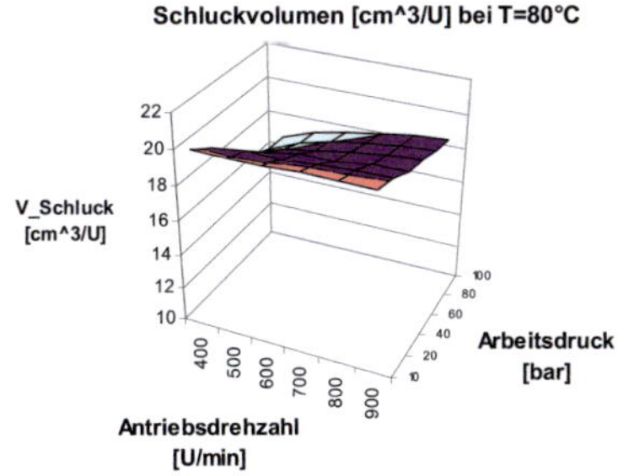

Schluckvolumen [cm^3/U] bei T=100°C

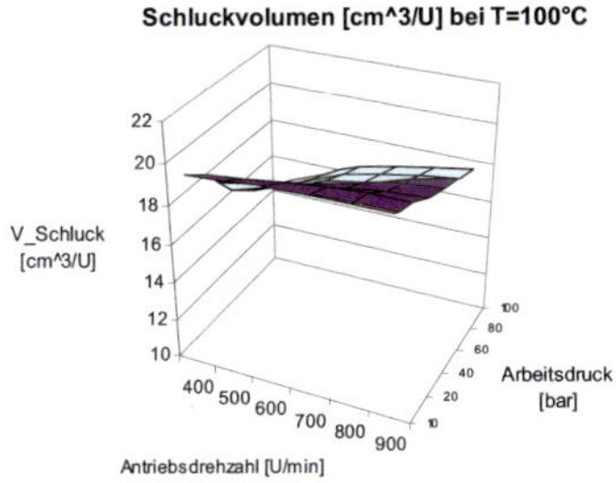

A4.2 Leitungen

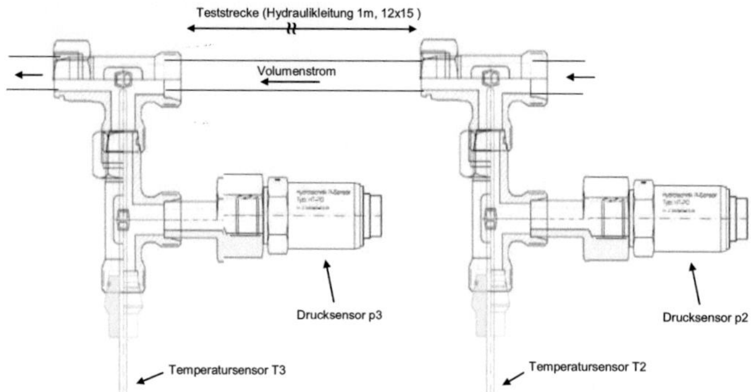

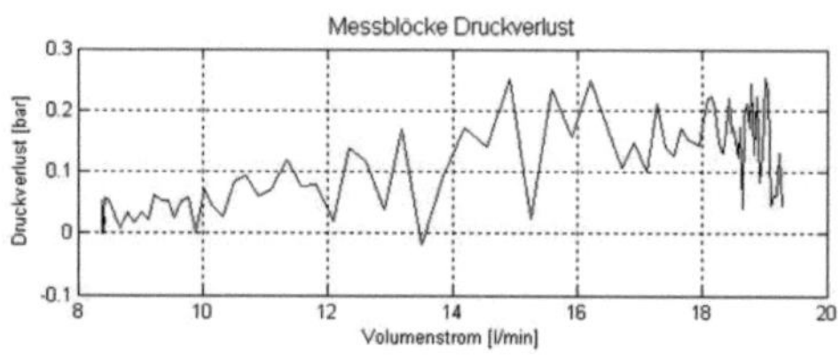

Zur Messung des Druckverlustes aus Anordnung der Messarmaturen wurde die hydraulische Leitung entnommen und die Armaturen direkt verbunden.

Aufbau Messstrecke und Messarmaturen (Druckverlustkennlinie Messarmaturen)